小眼睛大发现

亟待拯救的濒危物种

纸上魔方 ◎ 编绘

天津出版传媒集团
天津古籍出版社

图书在版编目（CIP）数据

亟待拯救的濒危物种 / 纸上魔方编绘. — 天津：天津古籍出版社, 2013.1（2018.4重印）

（小眼睛大发现）

ISBN 978-7-5528-0101-9

Ⅰ. ①亟… Ⅱ. ①纸… Ⅲ. ①濒危动物－少年读物 Ⅳ. ①Q958.1-49

中国版本图书馆CIP数据核字(2013)第004200号

小眼睛大发现

亟待拯救的濒危物种

纸上魔方/编绘

出版人/张玮

*

天津古籍出版社出版

（天津市西康路35号　邮编300051）

http://www.tjabc.net

E-mail:tjgj@tjabc.net

北京兰星球彩色印刷有限公司

全国新华书店发行

开本710×960毫米　1/16　印张7.5

2013 年 1 月第 1 版 2018 年 4 月第 5 次印刷

ISBN 978-7-5528-0101-9

定价：23.80元

前言

你听说过木牛流马吗？你看见过漫步火星的机器人吗？你知道地雷为什么被称为藏在地下的杀手吗？中国古代的火箭长什么样？你对这个无奇不有的大千世界充满好奇吗？《小眼睛大发现》涵盖生物、自然、地理、历史、军事、化学等多个知识领域，它通过浅显易懂的语言和搞笑、幽默、夸张的漫画，超级实用的知识点，为孩子们提供了愉悦的阅读天地。本系列丛书介绍了形形色色的古代兵器、超级威猛的现代军事武器、世界各地最最疯狂的机器、大自然多种濒危物种以及强大的新型能源。书中的精彩内容不仅能激发孩子们发现新事物的能力，建立起灵活的思维方式，而且会引导孩子们对身边的世界产生全新的认识。

快快和我们一起去发现科学的奥秘吧！

发现科学、发现奥秘！

目录

可爱的大熊猫

“胖胖的身体圆圆的头，黑黑的眼睛短短的尾，身上的毛色黑白相间，十分可爱。”小朋友们，你们猜猜，这是什么动物啊？对啦，这就是我们大家都十分喜欢的，有“活化石”之称的大熊猫。下面就让我们一起走进熊猫宝贝的乐园，一起去深入了解一下它们吧。

☆大熊猫有什么与众不同的地方呢

熊猫是中国的国宝，在世界上被称为“动物活化石”。

根据现在发现的化石显示，熊猫的祖先出现在200～300万年前，这个时期被称为洪积纪。熊猫跟猛犸、剑齿虎是同一时期的动物，在

距今几十万年前的时候达到了全盛时期，主要分布在我国的东部、南部的大部分地区。后来，和它同一时期的动物都已经灭绝了，但是熊猫却坚强地活了下来，为人们研究早期的物种提供了活的标本。

大熊猫的体形胖胖的，头是圆的，有点像熊，娇憨可爱。它身上的毛色大多数都是黑白相间，耳朵、眼圈、鼻端、四肢和肩胛部都是黑色，头颈部、躯干和短短的尾巴是白色。正常成年大熊猫的身体长120～180厘米，体重大约60～125千克。另外还有一个小秘密哦：大熊猫的前掌上除了有5个长着爪的趾外，居然还有一个第六趾。小朋友们，是不是感到很惊奇啊？

大熊猫是一种喜湿性动物，它们的栖息地一般都选在长江上游的高山森林中，那里气候潮湿温凉，比较稳定，空气中的湿度在80度以上。而且这些地方有肥沃的土壤，竹子生长非常茂盛，十分适合大熊猫的生存。另外，它还是一种喜欢单独生活的动物，而且不用像蛇那样冬眠。

跟其他动物相比，大熊猫的食物显得很特别。它的食物就是竹子，而且最喜欢吃竹子的嫩茎、嫩芽和竹笋，正是由于大熊猫的这种特性，当地的人都叫它“竹熊”。但是竹子中的营养十分缺乏，所以大熊猫除了睡觉和短距离的活动，大部分的时间都在进食，有的时候长达十四五个小时。大熊猫是一种杂食性的动物，偶尔的时候，也会吃肉，比如竹鼠。

大熊猫的繁殖是比较困难的，通常都是一年只有一胎，偶尔也出现双胞胎的现象，但是雌熊猫的精力一般只能抚养一只小熊猫。在产生幼崽之前，雌熊猫会找到一处洞穴当做临时的家，在这个新家里要待三四个月的时间，来细心地照料出生的小熊猫。小熊猫刚刚出生的时候非常小，重量只有90～130克左右，大概只有熊猫妈妈体重的千分之一。小熊猫一般在1岁左右开始学习吃竹子，在这之前，完全要依靠熊猫妈妈的照顾。

成年的大熊猫几乎没有天敌，老虎、狮子一般只会攻击老、弱、病和幼小的熊猫。按道理说没有天敌的威胁，熊猫应该可以繁荣发展，但是，实际情况却不像小朋友想象的那样，现在大熊猫的数量在不断地减少，竟然被列入了濒危物种！这究竟是什么原因造成的呢？

☆大熊猫濒危的原因

我们经常在看电视的时候听说某种动物是濒危物种，那么，小朋友们，你们知道什么是濒危物种吗？其实，所谓的濒危物种就是指一些珍贵的动物、植物，在大自然的竞争中，由于自身不能适应外

界环境，数量慢慢地减少，濒临灭绝的危险。

大熊猫能在恶劣的自然环境中存活到现在，我们不得不佩服它们的坚强。但是随着人口不断地增多，人们必须要得到更大的生存空间，于是就大量砍伐树木，导致熊猫的生存空间越来越小。野生的大熊猫只能生活在竹子生长的山顶，只要一遇到竹子开花的情况，对大熊猫来说将是致命的打击。而且加上人们生活中的一些污染和捕猎，对大熊猫来说更是雪上加霜。

现在人们已经意识到了大熊猫的珍贵之处，不断地出台相关的政策和法律来保护大熊猫，人们对于大熊猫的保护意识也在不断地增强。同时，科技的不断发展也让人们在大熊猫的人工繁殖上有了新的突破。

小朋友们，保护熊猫，人人有责，你还在等什么呢？赶快行动起来吧。

•猛犸是什么动物？

猛犸是一种和大熊猫同时代的物种，它跟现在的大象有血缘关系，样子也差不多，但是比现在的大象要凶猛得多。它起源于非洲，分布在欧洲、亚洲、北美洲等地区。生活的区域十分广泛，在草原、森林、雪原等地都能发现它们的足迹。

但是后来由于气候变暖、草原植物的减少和人类的猎杀等原因，最终导致猛犸这个古老物种在大约2000年前灭绝了。

•剑齿虎是老虎吗？

剑齿虎是一种已经灭绝的大型食肉类猫科动物。剑齿虎的体型比现在狮子的体形还要大一些，因为它的上颚长着一对像剑形状的犬齿而得名。成年的剑齿虎都以大型的哺乳动物作为食物，对于小型的动物却不屑一顾。

剑齿虎是一种高度进化的动物，跟现在的老虎等动物的进化方向完全不一样。但是也没有躲得开自然的淘汰，在更新世时期灭绝。

•什么是更新世时期？

更新世时期是地质年代的名称，也被称为洪积世，大约距今有260万～1万年。这个时期是冰川的活跃时期，有的人也称这个时期为冰川世。

由于这个时期地球处在冰川时期，大部分的动物就在严寒中死亡了。现在人们在地层中发现的化石，其中大多数都是现在的物种，只有一部分在这个时期灭绝。

白鳍豚为什么被称为“水中的大熊猫”呢

前面我们介绍了可爱的大熊猫，大家都知道，熊猫是在陆地上生存的。但是你知道吗？在水中，还有一种珍贵的“大熊猫”动物呢，这种动物就叫做白鳍豚。它也是我国特有的珍稀兽类，甚至比大熊猫还珍贵呢。

☆白鳍豚还有“长江女神”的美称呢

白鳍豚和大熊猫一样，也是一种非常可爱的动物，是鲸类家族的成员。说到鲸，大家肯定首先会想到它那庞大的身体，没错，白鳍豚虽然是鲸类家族中比较小的成员，但和其他种类的动物相比，它还是很大的。成熟的白鳍豚体长大约有2米，比一般的人个子都高，体重有100～300千克，相当于我们四五个小朋友加在一起的重量呢。

白鳍豚身体呈流线型，体形非常优美，皮肤细腻光滑，所以，人们就叫它“长江女神”。

小朋友，你知道吗？白鳍豚可是一种很古老的动物呢！根据化石的记载，在2500万年前的渐新世时期，白鳍豚从太平洋迁徙到长江。在2000多年前，我国的古书中，就有对白鳍豚的描述，还把它称为江神。

白鳍豚常年生活在水中，主要依靠水平状的宽大尾鳍上下摆动游泳前进，我们可以想象出，它的游泳技术一定是很棒的。

白鳍豚性情温顺，重感情，喜欢群居的生活。它们集体前进时，体形最大的在前面领路，母豚则保护着幼仔跟在后面。白鳍豚用肺呼吸，在头顶偏左处，有一个长圆形的鼻孔。它们在水下只能潜游两三分钟，然后就得露出水面换换气。在夜深人静的时候，在江面上还能听到白鳍豚 “扑哧、扑哧”的换气声呢。是不是很有意思呀？

白鳍豚生活在长江中下游及与其连通的洞庭湖、鄱阳湖、钱塘江等水域中。这些地方水生生物繁茂，还有很多鱼类，白鳍豚就把这里当做自己栖息、繁殖的“家”。它们经常三五成群地出来活动，不过想看到它们可不是那么容易的。要是你幸运的话，说不定能在它露出水面呼吸时看它一眼。

你知道白鳍豚主要吃什么吗？没错，就是鱼类，不过，它们吃东西的方式很特别，尽管它有100多枚牙齿，但它很懒，抓到鱼后，总是稀里糊涂地整条整条地吞下去，幸好它的消化能力强。小朋友们可千万别学它哦！白鳍豚为了追逐小鱼，常进入浅水区域，但它们不喜欢在小河流中生活。

☆白鳍豚为什么那么聪明呢

白鳍豚因为长期生活在浑浊的江水中，它们的眼睛和耳朵

都已经退化了。它们的眼睛很小，几乎什么也看不见；耳朵长在双眼的后下方，小得像针眼。那它们是怎么生存的呢？原来，白鳍豚的大脑十分发达，一头95千克的雄白鳍豚，大脑就有470克重。这样的重量跟大猩猩与黑猩猩差不多了，甚至有些人认为白鳍豚比黑猩猩还聪明呢。更有意思的是，它的大脑的两个半球会轮流工作，轮流休息，所以，白鳍豚即使在睡觉的时候也可以游动。你说，白鳍豚是不是很厉害呀？

更让我们惊奇的是，白鳍豚的体内还有一套独特的发声和接收回声的组织，它的上呼吸道有三对功能奇异的气囊和一个像鹅头的喉，能在水中发出“滴答”、“嘎嘎”的声音，甚至还能发出哨声呢。

白鳍豚还可以利用它那独特的回声定位能力，要是有敌人来了，它会躲起来，并通知伙伴。白鳍豚的水中定位能力，任何现代化的电子仪器都赶不上。因此，它又获得了“活雷达”的雅号。很多研究动物的学者对它们的这套本领非常感兴趣，

正下大力气研究呢。

☆现存的白鳍豚比大熊猫还少呢

白鳍豚被称为“水中的大熊猫”，它们的家园主要是在我国长江流域三峡以下的干流。可是，这种“水中的大熊猫”到目前为止已经有很多年未现身了。2012年2月2日是第16个“世界湿地日”，安徽省林业厅再次对湿地进行了调查，而且在这次调查中动用了卫星遥感等先进技术。但遗憾的是，一直备受关注的白鳍豚在调查中依旧没有“露面”。因此有人分析，白鳍豚有可能已经功能性灭绝了。

白鳍豚还是珍贵的“活化石”，因为它属于古老的、原始的鲸类，是研究鲸类演化极为珍贵的活体资料。国际保护人士还称它为“活着的死物种”。

白鳍豚基本上没有天敌，但它的生存还是受到了人类的威胁。有时，人们在江上用滚钩捕鱼、水下爆破治理航道，这些都会伤害它们。要是白鳍豚误入捕鱼人的渔网，就会窒息而死。

因为白鳍豚那么珍贵，就有很多贪婪的人非法的捕猎，珍贵的白鳍豚常常遭到灭绝人性的捕杀。在20世纪80年代中期，在安徽省的安庆、铜陵之间的江段上，竟然发生了一个月内连续捕杀4头白鳍豚的惨痛事件，这真是让人心痛。

人类排放的工业和生活污染物也使白鳍豚的生活环境大大恶化，使它们难以生存下去，以至于消失。小朋友们，想想看，我们以后应该怎样保护那些濒危物种呢？

•白鳍豚“淇淇”

为了保护白鳍豚这个珍稀物种，中国科学院白鳍豚研究中心在国家的大力支持下，决定驯养一只白鳍豚。1980年1月12日，在洞庭湖口的城陵矶附近，我国首次捕捉到了一只活的白鳍豚，动物学家给它起名叫“淇淇”。它当时体长有1.37米，重36.5千克。后来，经过精心饲养，它的体长长到2米多，重125千克。1986年3月，科研人员将一名叫“珍珍”的雌白鳍豚和它配对，但不幸的是，“珍珍”在两年后就染上肺炎死去了。2002年7月，“淇淇”也不幸病死了。

•什么是渐新世?

渐新世是地质时代中古近纪的最后一个主要分期，其时间是3400万年前～2300万年前。那时，植被主要是以森林为主，大地上基本上都是一些不飞的、食肉的鸟类。当时的很多哺乳动物，在现在已经灭绝了。在这个时期中，生态系统发生的一个重要的改变，就是草原在全球得以扩张，但热带阔叶林则萎缩到赤道一带。

•白海豚和白鳍豚是一样的吗?

在香港回归时，有一只10多岁的吉祥物，就是白海豚，它从浪花中一跃而起，迎向特区区徽，人们立即喜欢上了它。那么，白海豚和白鳍豚是一样的吗?

很多人都把两者混为一谈，但实际上它们是两种动物。白海豚又叫印度太平洋驼背豚，有“美人鱼”、“水上舞者”的美称，可见它是很会跳舞的。白海豚身体修长，背鳍突出，尾鳍呈水平状，健壮有力，全身为象牙色或乳白色，背部长有许多细小的灰黑色斑点。它和白鳍豚、大熊猫等都属同一保护级别。

小朋友，你们要记住哦，白海豚和白鳍豚可不是一回事。

世界上最懒的树懒

如果问你哪种动物最喜欢活动，你肯定会毫不犹豫地说：猴子。没错，在人们的心目中，猴子最爱动、最调皮，也很机灵，喜欢爬上爬下。可是，有一种动物却和猴子完全相反，它懒得出奇，是动物界有名的“懒汉”。它什么事都懒得做，甚至懒得去吃，懒得去玩，它的名字叫“树懒”。

☆比乌龟爬得还慢呢

树懒主要生活在南美洲茂密的热带雨林中，是一种哺乳动物，长得有点像猴，因此又叫“拟猴”。树懒的头不大，呈圆形，耳朵很小并隐藏在毛丛中，尾巴只有3～4厘米长，身上的毛长且厚。树懒虽然有脚，却不能走路，主要是靠前肢拖动身体前行。

我们都知道乌龟的爬行是非常缓慢的，可是，你知道吗，这种叫做树懒的动物比乌龟还要慢。曾有人对乌龟进行过测试，一只大的乌龟一分钟可以爬行4.56米，但是，一只树懒一分钟却只能爬行1.8～2.4米，这速

度比乌龟可慢了一半。这还需要有人强迫它，否则会更慢呢。难怪有人说，如果在动物世界评选慢行冠军，树懒能排第一。

当然，也有特殊的时候，当小树懒呼唤妈妈的时候，树懒妈妈会以最快的速度爬到树懒宝宝的跟前，大约一分钟可以爬4米。你看，母爱的力量多么伟大啊！

刚出生不久的小树懒，身上的毛是灰褐色的，和树皮的颜色比较相近，又因为树懒太懒了，就有一种地衣植物寄生在它的身上。时间长了，就仿佛穿了一件绿色的外衣，全身都被包缠着，使我们人类和其他动物很难发现它。

别看树懒很懒，它在树上活动的动作可是极其轻的，极少惊动其他动物。而且它身体非常轻，能爬上细小的树枝，想吃它的肉食类动物根本没法爬上这种细枝，所以，虽然它不爱动，但是它还是在自然界中存活了下来。

☆一辈子也离不开树

你心里是不是有一个疑问：人们为什么要把它称为树懒呢？这个问题很简单呀，就是因为它太懒了，而且一辈子都不离开树，所以人们才叫它树懒。树懒从出生到死亡，从不下树，把树叶、嫩芽和果实当作食物，吃饱了就倒吊在树枝上睡懒觉，每天有十七八个小时都懒在树上悠然自得地睡大觉。如果把它弄到地面上，它根本就站立不起来。而且因为终生倒悬，它的毛由腹部倒向背部，并练就了一副非常发达的钩状爪，可以毫不费力地将自己的身躯吊在树上，从不会“失足”。现在你知道它有多么懒了吧。

哎呀，树懒真的是懒得出奇。它可以几天都停留在一个地方，饿了就随便找点树叶或者果实填饱肚子。即使有人用棍子扎它，它也一动不动，不躲避，也不逃离。就是在吃东西的时候也很懒，在吃完第一口后，要隔很长时间才吃第二口，就像电影中的“慢镜头”一样。尽管树懒很懒，但有一点却不得不让我们佩服，那就是它游泳的本领是非常强的。

树懒一生都不喝水，因为热带雨林中的树叶可以给它提供充足的水分，而且它忍饥挨饿的本领也很强，就是让它几

个月不吃东西也不会饿死。更让我们惊奇的是，即使在它受了重伤后，给它吃大量的毒药，它也不会死去。你说，树懒是不是很神奇啊？

☆只有在32℃的环境里才能活下来

在我国，树懒主要分布在云南的西双版纳地区，在广西西部地区的丛林中也有少量的树懒。在大城市的动物园中，也可观赏到这种有趣的树懒。白天，它一动不动，把头藏在股间，像只圆毛球。

既然树懒的生存能力这么强，那为什么还把它列为濒危物种之一呢？

原来呀，树懒的生存条件非常苛刻，对温度的变化十分敏感。只有温度在32℃时，它才能正常生活。如果温度低于27℃，它就会冻得浑身发抖；而如果温度在35～40℃时，它又会因为体温快速升高而死亡。随着环境异常现象越来越频繁的出现，树懒生存的环境温度变化越来越大，它对温度要求那么严格，所以，生存下来就越来越难了。而且树懒的繁殖率也很低，每次只产下一只幼崽。

如今，因为人们对丛林的过度开发，使得树懒生存的栖息地被大量破坏，树懒这种小动物也面临灭绝的危险。

在哥斯达黎加有一家树懒庇护所，专门为那些无法回到野外的树懒提供庇护。如今，那里已经成为100多只树懒的新家，不过要抢救树懒于灭绝，依然困难重重。

• 什么是地衣植物？

所谓地衣植物，就是指一种真菌和藻类合作的绿色共生体，是一种价值极高的低级植物。

地衣植物具有顽强的生命力，很多植物不能生存的地方，都可以看到它的存在。地衣植物分布广泛，用途也很多。我国自古就用地衣植物松罗治疗肺病。地衣植物还可以食用、做饲料、做化工原料等。但地衣植物生长缓慢，产量也不多。

• 和树懒一样懒、长得也相似的懒猴

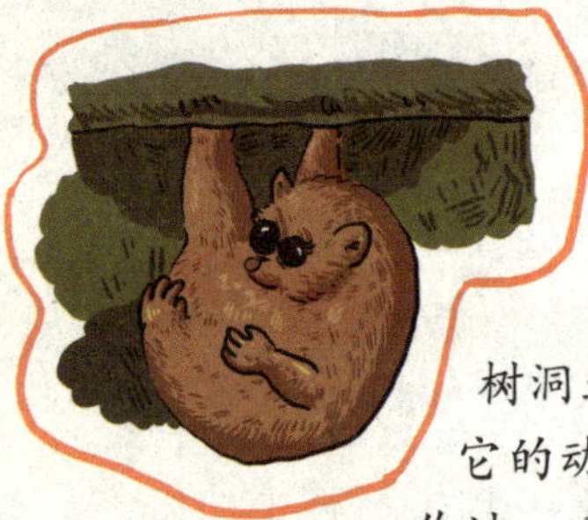

猴子整天蹦蹦跳跳、没有半刻安分的时候。不过有一种猴子很懒，就是懒猴。懒猴之所以懒，是因为它怕光怕热，白天在树洞或树干上抱头大睡，鸟啼兽吼也无法惊醒它。它的动作非常缓慢，走一步似乎要停两步。有人曾作过一番观察，懒猴挪动一步，竟需要12秒钟的时间。

懒猴分布在我国的云南、广西南部以及东南亚，是我国所产的唯一原猴类，是国家一级重点保护野生动物。

• 什么是热带雨林？

热带雨林是一种植被，主要分布在赤道南北纬5～10度的地区，这里全年气温都很高，季节差异很小。地球上大部分的动物、植物都栖息在这里。我们现在用的药物有1/4都是由热带雨林植物所提炼出来的，所以人们把热带雨林称为“世界上最大的药房”。

河狸为什么要拦河筑坝呢

河狸是一种勤奋的动物，它们白天很少出来，可是一到晚上，它们可忙乎了。只要它们到了一个新的地方，就要给自己筑坝。只要是它们生活过的地方，都会有一片池塘、湖泊或沼泽。它们总是孜孜不倦地用树枝、软泥和石块筑坝，挡住溪流，再在坝上为自己营建一个家。

☆一个团结互助的大家族

河狸也叫海狸，是水陆两栖的啮齿类动物，是中国啮齿类动物中最大的一种。河狸的体形胖胖的，头很短，

眼睛和耳朵都非常小，但它身上有一样非常锋利的武器，就是它的的门齿。

小朋友，如果你有机会看到河狸，会发现它的身上有一个最特别的地方，那就是它的尾巴。河狸的尾巴肥大而扁平，没有毛，只有鳞，好像根本不是从它的身体中长出来的。但你可千万别小看它的这条尾巴，这条尾巴的作用可是非常大呢。河狸在游泳的时候，这条尾巴可以当船舵来使用。河狸的后脚比前脚大，趾间有蹼连着，就像两根船桨一样，交替划行，推动身体前进。

河狸的家庭非常和睦团结，一个家庭的成员都住在一个巢穴里。在一个池塘中，经常有好几个家族的巢穴，它们总是互相帮助。你说，我们是不是应该学习它的这个优点呢！

如果一个地方的河狸数量太多了，为了更容

易寻找到食物，一部分河狸就会自动迁徙。小河狸在长到1岁多的时候，也要离开家，因为如果不离开的话，它们的小弟弟和小妹妹就会没有吃的了。看看，河狸对待自己的弟弟妹妹真的是很好呢！

河狸通常在夜间活动，白天很少出洞，善于游泳和潜水，冬天也不冬眠。

☆优秀的筑坝工程师

河狸是一种非常奇特的动物，它们能够用树枝、石块和软泥修筑堤坝，以阻挡溪流的去路，然后在坝中修建自己的家。你看，我们把河狸称作是优秀的“筑坝工程师”，是不是很贴切啊？

河狸的“家”一般都筑在岸边或湖中的小岛上，不但建得非常讲究，而且精巧，圆圆的房顶，从远处望去就像一个炭窑。巢中铺着干草，住着非常宽敞舒适。洞口开在水下，这是为

了避免暴露洞口和通道而遭到狼、狐狸等天敌和猎人的袭击。

或许还有一点你不知道，河狸还是一个优秀的“土木工程师”呢。当它们来到一个新的池塘边，如果湖中没有小岛，它们就会找来木材、树枝和烂泥等，抛向湖底，营造出一个小岛，再在小岛上修建巢穴。它们用锐利的门牙将树干啃断，然后把树干切成一段段运到水里堆好。

河狸啃树的本领很高，能在1～2小时内将一棵直径十几厘米的杨树、桦树或柳树的主干啃断，还能在3～4小时内将啃倒的树干枝条再咬成40～50厘米长的小段。

河狸用树皮、嫩枝和一些水生植物作为自己的食物，所以一直都与森林、池塘做伴。有的河狸的巢穴会一代接一代地传下去。据说，有一些河狸的巢穴已经存在1000多年了。

☆河狸的生存危机

河狸主要分布在美洲北部，亚洲、欧洲很少，在我国只有新疆的阿尔泰地区才有。河狸是国家一级保护动物，和大熊猫一样，受到特别的保护。

在200万年前，河狸的分布是非常广泛的，但是到今天，数量却很少了。这是因为一些植被被人为地破坏，造成了水土流失，河床塌陷，河狸的巢穴也随之塌掉了。

植被被破坏了，河狸的食物也就越来越少了，它们不得不到很远的地方去寻找食物。在这个过程中，它们还会遭遇天敌的攻

击，有些河狸就失去了生命。

河狸的毛皮质地良好，它的毛又细密又柔软，制成衣
贵，为此有些人就捕杀河狸，使它们生存越来越困难。

河狸的肛门还能分泌出一种油质物，叫“海狸香”，是制
料的定香剂。正因为它的身上有这么多宝贝，人们才偷偷地捕捉和猎取，从而使得河狸濒临灭绝。

在我国新疆维吾尔族自治区，还建有专门的河狸保护站。经过大家的共同努力，河狸从1981年建立保护站初的几十只，增加到现在500余只。

动物是我们人类的朋友，我们应该好好保护它们，不能让它们在我们这个地球上消失了，不然，我们就更难看到它们的身影了。

• 什么是水陆两栖动物?

水陆两栖动物，从字面上理解，就是既可以在水中生活，也可以在陆地上生活的动物。生物学上，把在个体发育中经历幼体水生和成体水陆兼栖生活的变温动物，称为水陆两栖动物。

水陆两栖动物的基本特征是：皮肤裸露，能分泌黏液，幼体在水中生活，用鳃呼吸，成体在水中或路上生活，用肺呼吸，心脏为二心房，一心室，有不完全的双循环途径。卵生，体外受精，可水陆两栖。神经调节不完善，体温不恒定。

为什么说体温不恒定呢？因为这种动物在小的时候，需要在水里生活；只有长大后，才可以适应陆地的生活，体温很不恒定，比如青蛙。

小朋友，在我们生活的周围，你还知道哪些动物是属于水陆两栖动物呢?

• 什么是啮齿类动物?

啮齿类动物是当今世界上最大的动物家族。这类动物最大的特征就是在上领和下领各有两颗能够持续生长的门牙，因此它们需要不断地啃咬东西来磨短这两对门牙。说到这里，你一定会联想到老鼠，没错，老鼠也属于啮齿类动物。

啮齿类动物体形都比较小，是很多肉食动物的主要食物。可以说，这类动物是陆地上生态系统的食物链中一个不可缺少的重要环节。

野骆驼为什么能够在沙漠中生活呢

大家都知道沙漠吧，夏天烈日炎炎，冬天飞沙走石，可以说那里的环境十分恶劣，很少有人能够适应。可是，野骆驼却能很好地适应那里的环境，坚强地生活着。为什么野骆驼能够在沙漠中生存下来呢？

☆最能吃苦的“沙漠之舟”

说到骆驼，大家应该都不陌生，很多小朋友都见过。但有一种叫做野骆驼的动物，却是其中最为珍贵的。

野骆驼又叫双峰驼，属于大型偶蹄类动物，人们管它叫沙漠中的“苦行僧”。野骆驼体形高大，四肢细长，脚掌下有又宽又厚的肉垫。有点像家养的双峰驼，

背部有双驼峰，头较小，耳朵也比较小，尾巴很短，但脖子却比家养的双峰驼长。

野骆驼全身披着淡棕黄的短毛，膝部、肘部、颈部、头顶、峰顶以及尾端的毛都很长，但颜色不是很深。它的脚掌狭窄，蹄盘较小，所以才能在沙漠中快速奔跑。

你知道吗，早在2000多年前，在我国的“丝绸之路”上，常常会看到野骆驼的队伍。可以说，野骆驼对那时的中外经济、文化交流可作出了不少贡献呢。

这时，有些好奇的小朋友不禁要问了：野骆驼为什么能在飞沙走石的沙漠里行走呢？原来呀，野骆驼的眼睛上长有很长的睫毛，可以保护眼睛免受强烈阳光的照射，还可以防止沙子的进入。即使有沙子进入眼睛，它发达的泪腺也能很快地分泌泪液将沙子冲出去。一旦有沙尘暴出现，野骆驼还会紧闭鼻孔，以抵御满天的风沙和热风。

夏天的时候，沙漠里热得就像蒸笼一样，气温达到40℃以上。地面上沙石的温度可以高达70℃，如果我们拿个鸡蛋放在上面，都能很快烤熟。想想看，如果我们在上面走，会怎么样呢？可是，野骆驼却能自如地行走在上面，这是为什么呢？原来，在野骆驼的脚掌上有一层很厚的胼胝，类似于大人常说的茧子。有了

这层厚厚的胼胝，就不怕烫脚了。而且在冬天寒冷的时候，这层厚厚的胼胝还能减少温度的散失呢。

为了生存下去，野骆驼也不断地使自己适应这恶劣的环境而改善自身的结构。在动物界中，野骆驼可以说是最能吃苦、最顽强的动物之一了，而且它的奔跑速度快，还能耐饥渴和冷热，因此，野骆驼还有“沙漠之舟”的美誉。

☆为了生存不得不喝盐水

小朋友们都知道，沙漠里缺水，如果人在沙漠里几天不喝水，就没法活了，可是，野骆驼却能坚持下去。为什么呢？因为野骆驼有着十分惊人的耐渴能力，可以10多天不喝水，就是一个月不喝水，也不会危及生命。

野骆驼还有一个奇特之处，就是它喝的水是咸咸的盐水，想想看，我们人类是很难喝下这种盐水的。但是，野骆驼却常年喝着这种盐水，世界上没有其他动物有这种本领。就连野骆驼自己也不容易做到，一些刚出生的小野骆驼经常因为肝脏不能适应这种盐水而死去。

看到这里，有的小朋友不禁要问了，那野骆驼为什么要喝这样的盐水呢，它为什么不找一些淡水喝呢？其实，并不是野骆驼喜欢喝盐水，而是因为受到人类的逼迫，是残忍的猎人的捕杀把它们赶进了荒凉的沙漠。在这里，淡水是很难找到的，没有办法呀，它们只好喝盐水生存了。

野骆驼的主要食物是红柳、骆驼刺、芨芨草以及白刺等很粗干的野草和灌木枝叶。

几百年来，野骆驼总是一直沿着同一条道路迁徙。在戈壁中，野骆驼的脚印重重叠叠地从一个盐水泉延伸向另一个盐水泉。当盐水泉边的植物被吃完时，它们就迁向别处。

有趣的是，野骆驼经常是排成一队沿着老路行走。因为它们紧紧地跟随，所以在沙漠上留下了深深的印迹。

☆濒危的野骆驼

2002年，野骆驼被国际自然与自然资源保护联盟纳入濒危物种红皮书，其数量比大熊猫还稀少。

在我国，野骆驼现在仅在中国内蒙古、甘肃、青海和新疆有分布，蒙古也存在一部分。它们在极端艰苦、极其贫瘠、极为干旱的沙漠里艰难地生存着。

由于人类过度的开发自然资源，自然环境不断遭到破坏，野骆驼的生存环境也不断恶化，数量急剧减少，生活的圈子也越来越小了。据中外科学家们调查，现在全世界的野骆驼只剩下不到1000只，比大熊猫的数量还少。

近年来，我国新疆罗布泊野骆驼国家级自然保护区野骆驼保护成效显著，2012年4月16日，在我国的新疆塔克拉玛干大沙漠东北缘的兵团——二十九团场以北的天山南麓山沟里，首次发现了5只双峰野骆驼。

想想沙漠中那些吃苦耐劳的野骆驼，假如它们真的灭绝了，那真是最大的遗憾。所以呢，我们从小就要知道保护环境，让那些可爱的动物们和我们在这个地球上和谐共存。

知识宝藏

• 什么是偶蹄类动物?

之所以叫偶蹄类，主要是因为这类动物的前后脚的脚趾数都是偶数，身体的重量一般都集中在第三趾和第四趾上。现代大多数有蹄子的动物都属于偶蹄类，比如马、牛等。与这类动物相对应的就是奇蹄类动物。这两类动物都起源于古老有蹄类。

• 双驼峰有什么用呢?

骆驼有两种：一种是单峰骆驼，还有一种是双峰骆驼。单峰骆驼比较高大，在沙漠中能跑能走，比较适应热漠。双峰骆驼则更适合在沙砾和雪地上行走，比较适应寒漠。

骆驼的驼峰就像是一个小仓库，经常会把一些多余的能量储存在驼峰中。在沙漠里，如果没有找到食物和水，它们就依靠驼峰中的能量为自己补给。能量储存得越多,驼峰就隆起得越大。

• 什么是“丝绸之路”

所谓丝绸之路，是指在我国西汉时期，一个名叫张骞的人出使西域开辟出来的交通路线。这条路以现在的西安为起点，中途经过甘肃、新疆，然后到达中亚、西亚，并联结地中海的各个国家。

在最初开辟这条路时，向西运送的货物主要是以丝绸为主，因此才取名叫“丝绸之路”。丝绸之路的开辟，促进了东西方的经济文化交流，至今仍是中西交往的一条重要通路。

金钱豹的呼叫：求求你们，别再捕杀我们了

你知道“窥豹一斑”这个成语吗？这里的豹指的就是金钱豹，它那美丽的花纹真让人喜爱。金钱豹是我国特有的豹种，它奔跑的速度快极了，可以说是动物中的短跑冠军。可惜，现在活着的金钱豹已经为数不多了。这是为什么呢？

☆关于豹，你知道多少呢

小朋友们在动物园中都见过豹吧，豹的全身长满了斑点，样子也比较凶狠。那对于豹，你知道多少呢？现在我们就来学习一下关于豹的知识吧。

豹是属于哺乳纲，猫科动物，一般生活在茂密的森林中。豹比狮

子和老虎都要小，可以说，豹在食肉动物中只能算作体形中等的动物了。不过，它奔跑的速度非常快，在动物界中可以说是跑得最快的动物之一。

自然界中的豹共有三种：金钱豹、雪豹和云豹。金钱豹分布在我国各省和自治区，其亚种也比较多：有东北亚种，也称东北豹，这种豹据说现在已经不足100只了，是公认的世界上最稀有的豹亚种之一；还有一个亚种叫华北豹，很明显，这种豹肯定是生活在华北地区了，这是我国唯一特有的亚种豹；还有一个亚种就是华南豹，

这个亚种豹分布最广，但现在数量也在显著地下降。

☆金钱豹的名字是怎么来的呢

上面所说的三个亚种豹，都属于金钱豹。

金钱豹的体形与虎相似，没有虎大，体重大约有50千克，体长在1米以上。它的尾巴特别长，超过体长的一半。豹的头圆圆的，耳朵短短的，四肢强健有力，爪子非常锐利。

那为什么叫它金钱豹呢？原来呀，金钱豹全身颜色鲜亮，毛色棕黄，遍布黑色斑点和环纹，看上去像古代的铜钱一样，因此才取名为“金钱豹”。金钱豹的背部颜色较深，腹部为乳白色，尾尖呈黑色。

金钱豹主要生活在亚洲、非洲及阿拉伯半岛，栖息环境多样，从低山、丘陵至高山森林、灌丛均有分布，具有隐蔽性强的固定巢穴。金钱豹体能极强，视觉和嗅觉异常灵敏，会游泳，善爬树，胆大凶猛。它一般在夜间活动，喜欢吃野猪、鹿等草食性动物。

金钱豹的确让我们佩服，但你知道吗？金钱豹还有更厉害的地方呢，就是它可以伏在树上去捕杀猎物。当猎物从树下经过时，它就会闪电般地袭击上去。而

且，有时它还会把捕获到的猎物用嘴叼着，然后窜到很高的树上，把猎物藏在树杈中间，这样，一些狼、虎等动物只能瞪着眼干着急了，而猎豹则可以随时上树去美餐一顿。

小朋友们，你们知道吗？金钱豹可是动物园中常见的观赏动物之一哟。

☆金钱豹也濒危了吗

你知道吧，现在很多人都特别喜欢豹纹的物品，那真是一种美丽的花纹。

金钱豹豹皮，斑纹美丽，毛质柔润，可以制作大衣、运动衣、饰料、褥垫等等，价格极其昂贵。很多人都把穿上豹皮大衣看作是一种富贵的象征。

另外，大家都知道，虎骨酒、虎骨药可以治疗很多病症，深受人们的喜爱，但是现在虎骨很少了，于是，人们就想到了用豹骨来代替，治疗效果是一样的。

因为这些原因，贪得无厌的人类就开始大肆地捕杀金钱豹，使金钱豹的数量急剧减少。现在，国家已经严禁捕猎金钱豹，把它列为国家一级保护动物。

据报道，在2012年的3月份，在陕西汉中佛坪县境内曾利用远红外线自动照相机拍摄到了金钱豹的照片。另外，2008年，在汉中洋县的华阳也曾经拍到过金钱豹的照片。这些资料的获得，为制定保护金钱豹的措施提供了可靠的依据。

小朋友们，你看，金钱豹多可怜啊，我们还是要帮助金钱豹呼吁一下：不要再去捕杀它们了！要是人们喜欢美丽的豹纹，想看到美丽的金钱豹，就好好保护它们吧！

知识宝藏

•什么是哺乳纲？

哺乳纲又称哺乳动物或兽类，是脊椎动物中最高等的类群，起源于中生代早期的古爬行动物。在漫长的演化过程中，形成了一系列进步性状。主要特征是：胎儿在母体内生长发育，出生后用乳汁哺育，提高了亲体对幼体的保护和抚养能力，保证后代健壮，促进社群行为发展。全世界现存哺乳动物约有4200余种，我国有410余种，常见的哺乳动物有：虎、狼 、鼠、鹿 、猴、狗 、狮子 、刺猬、河马、海豹等。

•什么是亚种？

亚种是生物学上的一种分类单位，比种小，属于种内的一些群体，但彼此在某些形态或者生理特征上有一定的区别，而且这种区别具有很强的遗传性。另外，在地理分布上也有一定的区别。不同亚种之间的个体可以相互交配，从而产生具有生育能力的后代。

•云豹知多少？

云豹又叫龟纹豹、荷叶豹，体形比金钱豹小，体重15～25千克，体长1米左右，末端有几个黑环。体侧由数个狭长黑斑连接成云块状，所以得名“云豹”。云豹体毛灰黄，眼周具黑环，颈背有4条黑纹，胸、腹部为灰白色，有暗褐色条纹。

云豹栖息于山地常绿阔叶林内，毛色与周围环境形成良好的保护及隐蔽效果，属夜行性动物，清晨与傍晚最为活跃。云豹爬树本领高，比在地面活动灵巧，尾巴是它有效的平衡器官，它在树上活动和睡眠。云豹以各种鸟类、猴类及树栖的小型动物等为主食，也捕食鼠、兔和小鹿等。云豹属于国家一级保护动物。

雪豹和雪有什么关系吗

在中亚的高山地带，生长着一种美丽的动物，它那黑色的斑点、蓬松的绒毛，那敏捷的跳跃，在高原上那优美的奔跑，无不让人惊叹。它是世界上最高海拔的象征，是这个世界上最美的精灵。这时，你肯定会着急地问，这是什么动物呢？别着急，现在我们就来揭开它的面纱吧。

☆高山上的精灵

这种高山上的精灵，名字叫雪豹，是豹的一种，又称艾叶豹、打马热、荷叶豹，是各种猫科动物中最美丽的。雪豹主要是生活在高山雪线以上，正因为如此，才得了“雪豹”这个名字。但是在

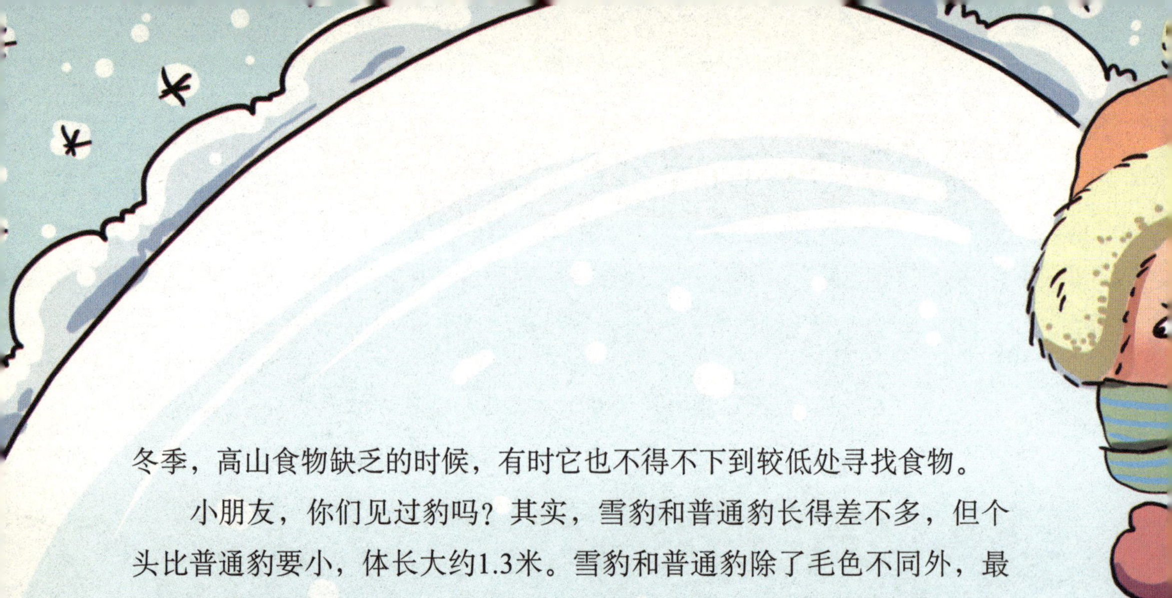

冬季，高山食物缺乏的时候，有时它也不得不下到较低处寻找食物。

小朋友，你们见过豹吗？其实，雪豹和普通豹长得差不多，但个头比普通豹要小，体长大约1.3米。雪豹和普通豹除了毛色不同外，最大的区别就是它的尾巴又粗又长，其长度约1米，尾毛蓬松而肥大。雪豹的体毛长、密又柔软，这也是雪豹特别耐寒的重要原因。即使气温在零下20℃时，也能在野外活动。雪豹的叫声类似于嘶嚎，不像狮、虎那样的大吼。

雪豹的身手是非常敏捷的，为了追逐高山动物，如岩羊、盘羊之类，它们会上到海拔五六千米高的崇山峻岭之上。

雪豹习惯于活动在断岩峭壁之间，休息时就隐身于石洞或岩缝里，白天藏起来，晚上才出来行动，很难被人发现。由于毛色和身上

的花纹与周围环境特别协调，即使白天走近它藏身的地点，也不易发现它。

雪豹的感官敏锐，行动敏捷，由平地跳到三四米高的岩石上，一点儿都不费力，因此还有“高山之王”的美称。一旦发现有猎物经过的时候，它就突然腾身跃起，能够从20米远的地方，向这些猎物发动突然袭击。它那条粗大的尾巴还可以做掌握方向的“舵”，在跃起时可在空中转弯，因此其捕食的能力很强。

一般情况下，雪豹都是独自居住的，只有在发情期前后才成对居住。它们平时的巢穴是很固定的，主要设在岩石洞中、石缝里或岩石

下面的灌木丛中，一个巢穴通常要住好几年呢！

山羊、岩羊、斑羚、鹿等是雪豹猎食的对象，有时它们也吃黄鼠、野兔等小型动物。还有的时候，它们会袭击牦牛群，把那些掉队的牛犊当成自己的食物。要是在冬天找不到食物的时候，它们就跑到低山区偷吃人类的家畜和家禽。

雪豹虽然性情凶猛异常，但在野外一般不主动攻击人。

☆雪豹的生存环境也很严峻呢

雪豹是亚洲高山高原地区最具有代表性的物种，只有在中亚的高山地带才能生存。我国的主要产地是西藏、新疆、青海、甘肃、四川的一些高山上。

雪豹有很高的经济价值，据了解，一张雪豹皮能使猎手获得100～500美元。所以雪豹一直是被狩猎和捕杀的对象。雪豹有其固定的活动路线，这样偷猎者就可以在其必经之路埋下铁夹，雪豹经过的时候就被捕获了，这也直接导致了雪豹种群的濒危。

人们为了追求暴利，非法猎杀雪豹，是雪豹面临的最大威胁。因为岩羊也遭到捕杀，生存环境恶劣，数量下降，而雪豹是靠捕食岩羊生存的，所以雪豹的食物来源也越来越少了。

2008年，科学家和环保组织联合发起第一个长期的雪豹研究计划。使用相机陷阱和全球定位系统的项圈，来收集雪豹的活动范围和

生活习性等基本信息，并利用这些信息来更好地保护它们。我们期待雪豹能够得到很好的保护，使得整个高山地区的动物区系和生态系统得到更好的保护。

知识宝藏

• 猎豹是陆地上奔跑速度最快的动物

在有关猫科的传说中，猎豹无疑是最为传奇的一种，这是因为它那鬼魅似的速度。据测，一只成年猎豹能在几秒之内达到每小时100千米，最高时速可达112千米。大自然这个上帝是非常公平的，它虽然赐予了它们无以伦比的速度，却没有同时赐予它们耐力。所以，猎豹被称为“短跑之王”。如果人类的短跑世界冠军和猎豹进行百米比赛的话，猎豹可以让这个世界冠军先跑60米，最后到达终点的还会是猎豹。

• 动物的尾巴有什么用呢？

不同动物的尾巴有不同的用处。刚刚我们介绍了，雪豹在奔跑时，其尾巴可以当掌握方向的“舵”。而袋鼠在休息时，它们的大尾巴起到维持平衡的作用，就像“三脚架”一样担当了它们的第三条腿；猴子把它们的尾巴吊在树上，就好像是它们的另一条手臂；松鼠把它们的尾巴当成隐蔽物；海马则通过尾巴围绕着躯干旋转，使自己在水里保持平衡。

动物的尾巴还可以用来传递信息，比如兔子受到惊吓的时候便开始猛跑，它那上下来回甩动的尾巴是警告其他兔子危险来了。

• 动物的行走和跳跃

有些动物的四肢能将自己的身体支撑起来，依靠四肢交替的前伸或者后推，这种运动方式就叫做行走。如果行走的速度加快，前进时，有一段时间四肢不接触地面，这种运动方式就叫做奔跑。

因为种类不同和大小不同，动物行走的速度也不同，快一些的每小时可以达到几千米，甚至几十千米，比如猎豹，每小时甚至能跑100多千米。

东北虎其实胆小

“谈虎色变”、“望虎生畏”，说到老虎，你是不是立即会联想到它那凶恶的面目呢？老虎看起来的确让人害怕。在人们的心目中，老虎一直是一种危险而凶狠的动物，它还会吃人呢。那我们又为什么要保护它呢？

☆胆小的东北虎

这里我们要介绍给大家的是一种珍贵的老虎——东北虎。因为主要是起源于亚洲的东北地区，所以称为东北虎。

东北虎，又称西伯利亚虎，别看它体形不小，它可是猫科动物。它有着火一样的神灵目光，身长1.9米左右，如果加上尾巴，就有3米以上，体重320千克。东北虎头大而圆，四肢粗壮有力，前额上有数条黑

色横纹，仿佛一个“王”字。它还拥有5个非常锐利的虎爪，身上的毛在夏天的时候呈棕黄色，冬天的时候则呈淡黄色。

小朋友，告诉你一个秘密哟，别看东北虎体形如此强大，看起来很威猛，其实它的胆子也很小呢，而且性格也比较内向，还孤独多疑，经常在丛林来无影去无踪，所以人们很难看到它的身影。

☆森林的守护者

小朋友，你们是不是觉得东北虎很可怕呀？其实很多大人也是这样认为的。但实际上，东北虎并没有我们想象中的那么可怕，不在万不得已的时候它是不会伤害人和牲畜的。

东北虎喜欢各种肉类食物，特别爱吃野猪。野猪是森林的破坏者，东北虎在捕食野猪的时候真是动了不少脑筋呢。

为了捕食野猪，东北虎常常要偷偷地接近野猪，然后出其不意地猛扑到野猪的身上，使野猪还没有来得及反抗，就成了

自己口中的美食。所以，经常会出现这样的一幕：当东北虎发现野猪后，就悄悄地跟在它后面，就像一个勤勤恳恳的猪倌似的，野猪走到哪里，它就偷偷地跟到哪里。在没有绝对把握的时候，东北虎绝不会下手，所以，人们就给东北虎起了个绰号，叫“猪倌”。

东北虎还是饿狼的死对头，为了争夺食物，东北虎经常会把贪婪的狼赶出自己的地盘。东北人在外出的时候不怕遇到东北虎，却怕见到吃人的狼。所以，人们赞誉东北虎是“森林的守护者”。

在长白山，东北虎是最凶猛的动物，其他动物都不敢靠近它。因此，它没有朋友，常常独自在深山老林里漫游，所到之处，其他动物都赶紧避开。这样看来，它还真是名副其实的“兽中之王”呢！

☆野生的东北虎也难得一见了

有的小朋友看到这里，可能会发出疑问：东北虎这么厉害，为什么还需要我们的保护呢？

我们知道，东北虎是在森林里生活的，可是在19世纪末20世纪初，随着大片的原始森林遭到砍伐，东北虎赖以生存的条件被破坏，数量也减少了。

东北虎的经济价值极高，肉和内脏可以做药材，能治疗很多种慢性疾病。正因为这样，东北虎遭到无情的捕杀。

东北虎的繁殖率又很低，被捕杀的东北虎远远高于新出生的东北虎，所以东北虎濒临灭绝。东北虎已被列入中国一级保护动物，并被列入濒危野生动植物种。

中国境内野生东北虎种群目前仅存20只左右，主要分布在与俄罗斯相邻的黑龙江完达山区和吉林省长白山区。2012年3月26日至4月2日期间，吉林省珲春东北虎国家级自然保护区管理局用红外线照相机拍摄到了野生东北虎的珍贵照片。

另外，让我们感到高兴的是，世界上最大的东北虎野生自然保护林园——黑龙江哈尔滨东北虎林园，将打造“千虎之园”。截止2010年，东北虎的数量首次超过了1000只，“千虎园”名副其实。

现在，你明白我们为什么要保护东北虎了吗？

• 什么是猫科动物？

猫科动物是一类几乎专门以肉食为主的哺乳动物，是高超的猎手。除了我们上面介绍的东北虎外，还有猫头鹰、豹等。这类动物的眼睛大而突出，长在头部的正前方，就和我们人类的眼睛一样，一直面向前方。

猫科动物有一点和其他动物不同，就是因为它们的基因异常，使得它们根本不知道甜味到底是什么味道。

• 野猪是一种什么样的动物呢？

野猪又称山猪，体形和家猪相似，但头部细长，两耳耸立，四肢较短。野猪背上鬃毛长达14厘米。身上长有刚硬的针毛。雄猪身长可达2米，体重多达300多千克，雌猪稍小。

雄野猪身上最可怕的是上犬齿，呈弧形，向上弯曲成獠牙状，并且终生生长不绝。如果你在森林中看到野猪，一定会让你心惊胆战。野猪栖息在森林、灌丛及低湿的蒿草中，在离农田很近的树林、杂草丛生的山坡上经常能找到它们的踪迹。

• 什么是原始森林

原始森林是地球上非常重要的生态系统之一，是指那些天然形成的、没有经过人类破坏的森林。

在原始森林中，有各种各样奇异而危险的动物和植物，森林的天气也是闷热异常，人刚走进去就会大汗淋漓。原始森林对调节气候起着非常重要的作用，而且还能给人类提供大量的氧气，因此，还有“地球之肺”之称。

毛鼻水獭还是一个矫健的猎手呢

水獭，顾名思义，肯定是生活在水中了。它不但娇小可爱，而且还是渔民很好的帮手呢，可以帮助渔民抓捕更多的鱼。而在水獭这个大家族中，有一种叫做毛鼻水獭的，现在已经成为世界濒危的动物之一。那这种毛鼻水獭是什么样的呢？别着急，看，它来了。

☆毛鼻水獭长什么样呢？

水獭，也叫獭猫、鱼猫、水狗、水毛子，是人们久闻其名的水陆两栖动物，它的大小同哈巴狗差不多，因此还有“水猗”之称。

水獭身体扁扁的，而且比较长，大

约有70厘米，尾巴前宽后细，四肢很短，趾间有蹼。它的头宽扁，眼睛很小，耳朵也很小但很圆，在下水的时候，耳朵和鼻孔的瓣膜都会关闭，这样水就不会进入了。水獭的四只爪子呈米白色，可别看它小，在捕食的时候可大有用处呢！水獭全身呈棕黑色，而且显得很有光泽，即使进入水中，也感觉不到湿。

介绍到这里，小朋友们肯定要着急了，说了半天，都是介绍水獭的特征。那毛鼻水獭到底有什么特别之处呢？告诉你吧，其实毛鼻水獭和普通水獭没有什么区别。唯一有一点不同的是，毛鼻水獭的鼻子上长满了毛发，是棕色的，这也正是它叫毛鼻水獭的原因。

毛鼻水獭一般栖居在沿海地区或者较大的内陆河中，在水旁修筑洞穴。水獭的洞穴一般有两个洞口，一个在水下，一个通地面。白天的时候躲在洞里，到晚上时才出来寻找食物。

毛鼻水獭非常善于游泳和潜水，游动的速度非常快，一次可以在水下潜5～15分钟，而且升降和转向十分灵活。

毛鼻水獭的食物有鱼和甲壳类动物。那你知道在这些食物中，它最喜欢吃哪种吗？没错，就是鱼，它擒拿鱼儿的本领可高啦，其速度就像猫捉老鼠一样飞快。

☆水獭现在的生存状况怎么样呢？

毛鼻水獭的皮毛不但美丽，还特别厚，绒毛厚密而柔软，几乎不会被水浸湿，所以保温抗冻效果非常好，十分名贵。而且毛鼻水獭的肉非常鲜美。正因为身上有着这些宝贝，很多人开始对它们进行捕猎，许多毛鼻水獭都难逃厄运，毛鼻水獭的数量急剧减少了。

毛鼻水獭生活环境遭到污染，水质变劣，使得它们的栖息地和食物来源都成了问题，繁殖能力也因此下降了，对疾病的抵抗力也衰弱了。这么多的不利因素加一块儿，毛鼻水獭生存下来真是很难很难，所以被认为是亚洲乃至世界最濒危的物种之一。

• 什么是鼬科动物？

水獭可以说是鱼的天敌，因此很多渔民在捕鱼的时候都要找水獭帮忙。水獭捕鱼有自己的独特方法。它在捕食之前会在水边的石块旁观察，一旦发现猎物，就毫不犹豫地朝前扑去。

但是，水獭这个淘气的小家伙也有让渔民头疼的时候。水獭在捕鱼时，即使是它吃饱了，还会不停地捕鱼，这样给渔民们就造成了很大的麻烦。但我们人类还是比较聪明的，对水獭进行训练，告诉它这样做是不可以的。而水獭呢，也很聪明听话，只需要半年的时间，它们就变得乖乖的了，成为渔民优秀的捕鱼能手。所以，渔民亲切地称水獭为“鱼猫子”。

• 渔民的小帮手 • 什么是鼬科动物？

鼬科，又称貂科，是一个非常多样化的科。鼬科动物一般都是动作比较敏捷的、体形比较小的肉食动物，但也有体形稍微大些的杂食动物。而且这些动物四肢都相对较短，但尾巴却很长，全身的毛也十分致密，而且还有光泽。鼬科包括獾、水獭等将近70种动物，我们刚刚介绍的这种毛鼻水獭就属于鼬科动物。

• 什么是甲壳类动物？

甲壳类动物，是因它们的身体外面有一层厚厚的“盔甲”而得名的，而且这件“盔甲”是非常坚固耐用的。这类动物一般都生活在海洋中，也有很少的一部分生活在陆地上。

甲壳类动物的身上都长着胡须，就像电视机的天线一样，而且还有很多脚，有的甚至在10只以上。

很多甲壳类的动物都可以食用，而且深受人们的喜爱，比如虾、龙虾、蟹等。

大鲵是鱼吗

看到这个题目，很多小朋友可能会发出一连串的疑问：大鲵是什么呢，我怎么从来没有听过这个名字啊？它和鱼有什么关系吗？别着急，现在就来给你揭开这些谜底吧。

☆原来，大鲵不是鱼啊！

可能很多人都没听过大鲵这个名字，但如果说娃娃鱼，相信很多小朋友都不陌生。其实，大鲵就是娃娃鱼，因为它能像鱼一样生活在水中，叫声又和婴儿的哭声相似，所以人们才称它为娃娃鱼。它还有好多名字呢，比如人鱼、孩儿鱼、狗鱼、鳕鱼、脚鱼、啼鱼、腊狗等。你看，这些名字几乎都带有“鱼”字，但是，你可千万不要以为大鲵就是鱼类的一种，它可不是鱼，而是一种产于中国的世界上现存最大的两栖动物。

在两栖动物中，大鲵应该是体形最大的动物了，全长可达1～1.5米，体重最重的可以

超过100千克，可以说是两栖动物中的“巨无霸”。大鲵的外形有点类似蜥蜴，只是相比之下更肥壮扁平。大鲵头大，嘴也大，眼睛却很小，身后拖着一条大尾巴。大鲵身体表面光滑无鳞，受刺激后，能分泌出类似花椒味的白浆状黏膜。而且，你知道吗？大鲵还可以像变色龙一样变颜色呢，它的体色可以随生活环境的不同而变化，但大多以棕褐色为主，有很多不规则的乌褐色斑。

大鲵喜欢生活在海拔200～1000米清澈的山涧溪流中，往往独居在水草繁茂且阴暗的石隙或岩洞里。它们待在洞里时，一般头向外，这样做是为了猎食方便，还能防御敌害。你看，它是不是很聪明啊？

大鲵眼睛怕光，所以它们白天一般躲在洞里，夜晚才出来寻找食物。

大鲵还有冬眠的习惯呢，一般从每年的11月起，就逐渐地不吃东西了，直到第二年的4月才苏醒过来。经过这么长时间的休眠，身上的营养肯定消耗很多啊，所以，当它们苏醒后，就使劲儿地吃东西，白天一直趴在溪边寻找食物吃，甚至还到稻田里去寻找。

大鲵在水中行动很敏捷，到了陆地，却非常迟钝。但是，它却能抓住小鸟，这是怎么回事呢？原来呀，在天气干旱时，它就在溪

水中喝一肚子水，然后就爬到鸟类经常栖息的树旁，头向上，张开大嘴，把肚子中的水呕到嘴里，就这样坚持几个小时都不动。小鸟因为干旱很久没喝水了，这时，看到一口小小的“清泉”，就迫不及待地去喝，聪明的大鲵就将水慢慢地咽下去，小鸟看水快没了，就只好把头伸到大鲵的嘴中吸水，结果，只听“啪”的一声，大鲵咬住了小鸟的头，开始享受送上门的美餐了。怎么样，是不是很有意思啊？

☆哎呀，大鲵怎么还吃自己的同类呢

大鲵的食物主要是一些动物性食物，比如鱼、虾以及青蛙等。它的猎食方式一般是在夜间守候在乱石堆中，耐心等待猎物的出现。一旦发现猎物，就突然袭击，将它们捉住。

小朋友们都知道，我们吃到嘴里的食物要细细咀嚼才能咽下去，但是大鲵的牙齿却不能咀嚼，它们只是将食物整个地吞下去，然后让这些食物在胃中慢慢消化。但是，大鲵忍耐饥饿的能力非常强，即使很长时间找不到食物吃，它的体重也不会下降。即使是一年都没有食物吃，也照样能活下去。但是，它们一刻也不能离开水哦。

大鲵的性格很凶猛，经常发生吞食同类的现象。如果缺乏食物，个头大的就咬个头小的，当食物吃。有时甚至还吃自己产下的卵。小朋友们，看到这里，是不是觉得很惊奇啊？

☆为什么大鲵也成为濒危物种了

大鲵是我国的特有物种，主要产区在湖南、湖北、贵州、四川、广西等省区。

大鲵的心脏构造特殊，已经出现了一些爬行类的特征，具有重要的研究价值。而且，大鲵的肉非常好吃，所以人们大量地对大鲵进行捕杀。各地的产量都在逐渐地减少，已经濒临灭绝了。

大鲵的栖息地被人为地破坏，生存环境丧失，导致大鲵种群急剧下降，分布区成倍缩小。为了保护这种珍贵的动物，使它不至于有消亡的危险，人们已经开始进行人工养殖。但从20世纪80年代以后，野生大鲵的身影就很难看到了。

小朋友们，你说，我们应该怎么做呢？没错，我们应该行动起来，共同保护大鲵，告诉大人们，捕杀大鲵是不对的。

• 鱼类是怎么进行血液循环的？

鱼类的血液循环比其他脊椎动物简单，循环的途径是：由心室压出的血液流入鳃，通过鳃部毛细血管的血液与外界环境进行气体交换，变为含氧多的血液，这样的血液流到身体各个组织和器官的毛细血管中，血液中的氧与组织细胞中的二氧化碳发生气体交换后，缺氧的血液经各级静脉流回心房，再流入心室。这就是单循环。

• 为什么有些动物要冬眠呢？

一些较低等的脊椎动物如两栖类、鱼类以及所有的无脊椎动物，其体温会随着环境温度的变化而变化，不能保持相对恒定，所以叫做变温动物或冷血动物。冷血动物对环境温度变化的适应能力非常弱，到了寒冷的冬季，它们的体温非常低，各种生理活动也都降低到了最低水平，于是便进入冬眠状态，等到第二年春暖的时候，它们又会慢慢苏醒过来，进行生命活动了。

• 大鲵小的时候就是小鲵吗？

小鲵和大鲵可不是一类动物。小鲵是有尾目中比较原始的类群，大多集中分布于东亚大陆及其邻近岛屿。小鲵四肢较发达，皮肤光滑。头部扁平呈卵圆形；躯干圆柱状，略扁，尾基较圆，向后逐渐侧扁。

小鲵主要是生活在陆地上海拔120～1800米的林间潮湿的草丛、洞穴中，以多种昆虫、蠕虫、蚯蚓、蛞蝓、多足类等小型动物为食。

蓝鲸的力量怎么那么大呀

小朋友们，你知道地球上最大的动物是谁吗？也许你会说大象。但是，这个答案却不正确。告诉你吧，地球上最大的动物是蓝鲸。一头蓝鲸，仅舌头就有3000千克重，可以站大约50个人；心脏和小汽车一样大；婴儿可以爬过它的动脉。刚生下的蓝鲸幼崽比一头成年象还要重。蓝鲸的力量简直大得惊人。

☆蓝鲸还懂得消遣呢

提起鲸类，也许你一点都不陌生吧？告诉你吧，在海洋中生活的鲸类有90多种，不过，你可能没想到，它们的祖先最初是在陆地上生活的，距离今天大概有6000万年了。后来，随着自然条件的变迁，它们就跑到海洋中了。

蓝鲸是鲸类中最大的，主要生活在南极海域，热带海域比较少见。蓝鲸全身都是灰蓝色的，胸部有白斑，鳍短小，没有牙齿。看到这里，你肯定要发出疑问了，蓝鲸没有牙齿，那它怎么吃东西呢？原来呀，在它的颌部，有数百条角质的鲸须，这些须就可以代替牙齿了，而且还有过滤作用呢。蓝鲸的嘴巴很大，可以吞下一条不小的船呢。当它吞下一大口海水和鱼虾后，这些须就会把海水排走，而鱼虾则被须挡在嘴里吞下肚子。这一口可是非同小可，足有一二千克的鱼虾呢！

别看蓝鲸个头那么大，但只吃小型的浮游生物，尤其喜欢吃磷虾和甲壳类。在南极生活的蓝鲸一天可以吃下五六千千克的这种虾。蓝鲸在寻找食物的时候，可以潜水10～20分钟，这也并不稀奇，因为蓝鲸潜水的时间最长可达36分钟。

平时蓝鲸还喜欢用尾鳍打水，但这种消遣方式可是代表很多意思呢。有时，它可能是在做游戏，有时是为了引起同伴的注意。当它们的身上有寄生虫在骚扰它们时，也会出现这种动作。

☆瞧，这和睦的一家子

蓝鲸在生小蓝鲸的时候也是非常有意思的。每到生殖的时期，雄鲸都会带领大队的母鲸找到一个温暖的地方。因为即将出生的小鲸脂肪少，非常怕冷。

母鲸在分娩时，肚子会朝上浮在海面上，雄鲸则一动不动地守护在它的旁边，还用自己的鳍轻轻地拍打着母鲸的肚子。不一会儿，一头白胖胖的小鲸就生出来了。看，这个“婴儿”可真大啊，大约有7米长，7000千克重。

小鲸刚一生出来，它的爸爸妈妈就会立即游过来，紧紧地把它夹在中间，将它轻轻地托出水面两三次。这是做什么？原来，这是爸爸妈妈在教它呼吸呢！

小家伙在爸爸妈妈精心地指导下很快就学会了呼吸、游泳和换气，它就开始活泼又调皮地玩耍起水来。如果看到附近有人划动的橡皮艇，就会欢快地游过来嬉戏，它以为这是它的伙伴呢！但是，它的妈妈却很着急，会发疯似的游过来，摇动尾鳍，不让小鲸闯祸。如果有大胆的人接近小鲸，鲸爸爸和鲸妈妈就会生气地将橡皮艇掀翻，原来，它们以为人们要伤害小鲸呢。看，它们这一家真的是很和睦呢！

☆蓝鲸的歌声为何越来越深沉

20世纪60年代，一些科学家将大量扩音器放入海洋中，记录蓝鲸的歌声。40年之后，一些研究者发现了一个奇怪的现象，世界上每一头蓝鲸的歌声每一年都在持续地变得深沉。这到底是什么原因呢?

有人认为，从全球气候变暖到噪音污染不断加剧，造成了这种现象。不管这种说法是否正确，蓝鲸的数量日益减少却是一个不争的事实。

蓝鲸带来的巨大经济利益是这个种群变得稀少的原因之一。蓝鲸体内含丰富的油脂，一头蓝鲸可提炼20多吨鲸油；鲸肉鲜美，可以制作食品罐头和动物用高级饲料；鲸须可纺织；鲸骨、内脏都是有用的医药原料，经济价值很大。因此，它就成了人们捕猎的重要对象。现在，全世界的蓝鲸种群数量已经减少很多了。1966年后，国际协定海上禁捕蓝鲸，蓝鲸已受到国际组织的保护。但是它们的数量恢复的很慢，如今蓝鲸仍然处于濒危的境地，世界上只生存着不到50头的蓝鲸。

为了保护地球上最大的珍贵动物，我们应该赶紧动员每个人来反对滥捕滥杀可爱的蓝鲸。

知识宝藏

• 认识一下“海中霸王”——虎鲸

虎鲸是海洋里的霸王，它在海洋里横行称霸，任何动物都不是它的对手。虎鲸体大力强，背脊漆黑，腹部呈白色，浑身光滑。虎鲸的嘴巴很大，上下颌各有20多枚10～13厘米长的锐利牙齿，上下相互交错，就像人的两手手指交叉一样，这是它捕杀猎物的利器。

虎鲸性情凶猛而贪婪，过着掠夺性的肉食生活。它不仅主动捕食其他的海兽、大型鱼类、乌贼等，还会以装死的诡计来诱捕海鸟、海兽等。

虎鲸虽然有“海中霸王”之称，不过它们只吞食鱼类、海豹等动物，从未做过伤害人类的事。经过驯养的虎鲸，性情温顺，甚至可以表演许多精彩的节目呢。

• 动物之间也有沟通吗？

科学家们发现，在各种不同的鸟类混杂的群体中，鸟儿能对彼此发出的信号做出回应，这可能是鸟儿后天学习的结果，也可能是与生俱来的本能。鹿之间可能也会发出报警信号。当一头狼被逼到绝境的时候，它那愤怒的号叫和咆哮，不仅向敌人传达自卫恐吓的信号，别的动物也能感受到与之相似的情绪。也许这就是动物之间的沟通方式吧。

• 会玩游戏的动物更聪明吗？

很多动物都喜欢玩耍，狮子、猴子、北极渡鸦……它们不但喜欢玩，还玩得很有难度很有水平呢！科学家们在对大量的动物游戏行为进行观察以后，发现了一个规律：懂得玩复杂游戏的动物，大脑也比较发达，比较聪明，比如，海豚、黑猩猩、鹦鹉、大象、北极熊等，它们的游戏比较复杂，表明智商很高。此外，一些必须依靠群体捕猎的动物，如，狼、斑鬣狗、狮子等，它们群体内个体联系比较紧密，它们的游戏也玩得比较精。

麋鹿的头上怎么还长树枝呢

动物园的草丛上，一只长着褐色毛的动物正在吃草，这是什么动物呢？有的人说看它的角像是鹿，有的人说看它的尾巴像是驴，有的人说看它的脖子像是骆驼，还有的人说看它的蹄子像是牛。那这到底是什么动物呢？

☆原来这种“四不像”的动物就是麋鹿呀

没错，这种动物就是麋鹿。麋鹿和白唇鹿、大熊猫等，都是我国特有的珍稀野生动物。它的长相十分奇特，角似鹿非鹿，头似马非

马，身似驴非驴，蹄似牛非牛，因此又称“四不像”。

麋鹿是一种草食性哺乳动物。雄性麋鹿肩高1～3米，身长有2米以上，体重可达200千克以上。它的头上有角，就像树枝一样，长达80厘米，大约两年就脱换一次，它的尾巴也有75厘米长，是鹿类中尾巴最长的。

那是不是所有的麋鹿头上都长有像树枝一样的角呢？当然不是了。这种角只有雄性麋鹿头上才有，雌性麋鹿的头上是没有的。雌性麋鹿体形稍小，重量大约为100千克，尾巴长约60厘米。

麋鹿的毛色在夏季是红棕色，冬季脱毛后变成棕灰色。它的蹄子非常宽大，行动敏捷轻快。因为食物主要以嫩草和其他水生植物为主，所以麋鹿比较喜欢生活在水草茂盛的沼泽地区和河湖岸边。它们常在水中站立、跋涉、游泳、潜水和觅食，甚至连隆冬季节也不例外。我们平时看到的麋鹿好像性情非常温驯，但它也有发脾气的时候呢。在夏末秋初时节，雄性麋鹿突然变得异

常凶猛而且好斗，原来，这是为了和其他雄性麋鹿争夺雌性麋鹿，有时还会造成伤亡事件。

麋鹿的繁殖能力很低，一般雌性麋鹿怀孕的时间要将近10个月，比其他鹿类都要长，而且每胎只能剩下一个小麋鹿宝宝。小麋鹿大约在两岁的时候，才能长角分叉。到6岁的时候，叉角才能发育完全。

在我国著名的特产动物中，大熊猫已成为人们熟知的宠儿，但一般人却不知道，麋鹿在海外的名声也很大，几乎不亚于大熊猫，这两种动物是在19世纪60年代中，同时被介绍到海外的。但是由于麋鹿早有实物可见，而大熊猫迟迟没有实物，所以

实际上，麋鹿名满天下的时间要比大熊猫早得多。

☆麋鹿还有一段不平凡的经历呢

麋鹿原产于中国长江中下游沼泽地带，它的经历可谓是充满了传奇色彩，早在3000多年前就出现在长江、黄河地区，后来慢慢地减少了。

1865年，法国传教士阿尔基德·大卫神父在北京南郊的一个皇帝打猎的地方看到了麋鹿，于是把这个消息通知了全世界。很快，欧洲各国的生物学家都来了。经过明争暗夺，麋鹿的数量变得很少了。到1900年，八国联军入侵北京后，对这个地方又进行了破坏，使得麋鹿流落他乡。而流落他乡的麋鹿也相继死去，慢慢地，麋鹿在我国消失了。只有英国一个叫贝福特公爵的私人别墅乌邦寺动物

园里饲养的18头生长得比较健康，这是他在1898年花了很多钱从巴黎等地购买的，而这18头麋鹿也成了现在地球上所有麋鹿的祖先。

幸运的是，到1983年，麋鹿已经繁殖到255头了。1985年8月，有22头麋鹿从英国被空运到北京。当晚就运送到原来的皇家猎苑，这样，背井离乡的麋鹿又重新回到了自己的“家”，并繁殖后代。

☆为什么麋鹿也成了濒危动物之一呢？

现在，中国的麋鹿已经超过了1000多头，但是全世界也只有2000头左右，因此麋鹿是一个濒危的物种。

麋鹿比较喜欢温暖而湿润的环境，但是，因为人类不断地开发，沼泽和水域明显地减少了，麋鹿的生活和活动空间也就减少了。

麋鹿的角、茸和骨都可以被制成治病和强身的药物，于是人类开始了滥捕乱杀，这也造成了麋鹿的数量下降。

小朋友们，赶紧让我们行动起来，想想我们应该怎么保护它们吧！

知识宝藏

• 什么是草食性动物？

小朋友们应该都知道，我们人类中有一些人是不吃肉类的，比如和尚，这些人就被称为是素食者。而在动物界中，也有一些动物和虎、狮子、豹不同，它们不吃肉，只是以植物为主要食物，我们就把这些动物称为草食性动物。比如我们经常见到的牛、马等，都是草食性动物。它们的臼齿和盲肠一般都比较发达，也会吃鸡蛋和其他动物蛋白质。

• 我国特有的白唇鹿

全世界鹿科动物有将近40种，其中有5种是我国特有的，白唇鹿就是其中的一种。白唇鹿，顾名思义，就是因为嘴唇是白色的。其实白唇鹿不但嘴唇是白色的，从鼻端两侧到下颌都是白色的。白唇鹿体形高大，肩高1.3米，体长1.5米左右，有的可达2米以上，体重130千克以上。白唇鹿体毛粗而硬，但都是空心的。白唇鹿是著名的“抗旱勇士”，它只栖息在我国青藏高原的海拔3500～5000米的高山上。目前，世界上除我国之外，只有一两个国家有白唇鹿展出，而这还是我国作为礼品赠送去的。

• 什么是食物网？

在一个生态系统中，往往有若干条食物链，而且有些动物以多种食物为食。比如，鸟既吃植物的种子，也捕食小昆虫；鼠既被狐吃，也被蛇吃。在生态系统中，由多条食物链交错连接而形成的捕食关系，就叫做食物网。

咦，这种像兔子一样的动物是什么呢

在我国云南省西双版纳州的勐腊县，在那神秘的热带森林里，生长着许许多多的奇花异草和珍禽异兽，还有世界上最大的陆生哺乳动物亚洲象。但是，在这片森林中，还有一种非常小的小动物，长得和兔子一样，这是什么动物呢？原来呀，这种动物叫鼷鹿。

☆原来，鼷鹿长得和小兔子似的

鼷鹿又叫小马来亚鼷鹿、鼠鹿，是偶蹄类动物，也是这类动物中最小的。它到底有多小呢？它的身长只有

40多厘米，肩高只有20厘米，体重一般不到3千克。它的皮毛为棕红色，腹部洁白。雄鹿长着一对发达的上犬齿，露出唇外，就像獠牙，在繁殖季节，雄鹿之间为了争夺配偶，就用这个武器进行决斗，获胜者才能获得雌鹿的喜爱。

鼷鹿实在是太小了，从外形上看，它很像一只没有长角的小鹿仔。它在草丛中奔跑时，从形体及轮廓上看，你又很可能认为它是一只兔子。

正因为鼷鹿身材小巧，才使得它行动灵敏，善于隐蔽。所以它在林地草丛中可以奔跑自如。虽然说它是鹿，但跑起来更像是一只兔子，难怪人们远远地见到它时，会以为那是一只野

兔子呢。

鼷鹿还有高超的避敌能力呢，一旦受到惊吓，或者有敌人在追击它时，它就会迅速地钻进草丛、灌木丛中，或者是寻找水源，窜入水里。你看，它是不是很厉害呀！但是，即使这样，还是逃脱不了厄运。因为鼷鹿在进入水中后，就丧失了行走的能力，这样人类就很容易将它抓获了。

鼷鹿是保留着许多原始特征的鹿类动物，也是一种体形很小的原始反刍类动物，在进化生物学研究中很有价值。

☆鼷鹿是一种难得一见的珍稀动物

鼷鹿喜欢栖居在低地森林和灌木丛中，有时在近水的潮湿地区也可以看到它的身影。鼷鹿的胆子特别小，只在清晨和黄昏时才出来活

动，白天则隐藏在岩石洞或者树洞内。它们喜欢吃鲜嫩的草叶、草茎以及一些灌木的枝条，特别爱吃浆果。

鼷鹿通常都是单独行动的，只有到发情期才雌雄成对相聚一起寻找食物，交配后就各奔东西。据说鼷鹿全年都可以繁殖，雌鼷鹿怀孕5个月后就可以产下小宝宝，每次可以产1个或2个。

鼷鹿的数量很稀少，是一种珍贵的动物，在动物园里也很难见到它。鼷鹿的天敌比较多。森林里的老虎、金钱豹、云豹、豺等都是它的天敌。而且，鼷鹿的很多栖息地都被开垦出来种植橡胶，或因为修建水电站被淹没，致使小鼷鹿的栖息地不断地缩小。同时，非法猎杀小鼷鹿的行为也时常发生，使小鼷鹿的生存和繁衍都面临着重重危机。

因此，我们小朋友们要共同呼吁所有的人，都来保护我们的森林和动物,做一个环保主义者,不要再猎杀和食用野生动物了。

• 什么是反刍动物？

反刍，就是指将食物吃到肚子后，经过一段时间，再将这些半消化的食物返回到嘴中再次咀嚼。而反刍动物就是具有这种功能的动物，这类动物一般都是指一些草食动物。那它们为什么要反刍呢？这是因为植物的有些纤维是很难消化的。这类动物具有特别的反刍胃，比如羊、牛等。

• 豺是一种什么动物？

豺，俗名豺狗、赤毛狼等，在国外则被叫做亚洲野犬或亚洲赤犬。它体形似犬，比狼小一些，比狐狸大，体色红棕。豺凶猛，喜欢成群，它们经常以围攻的方式捕杀大中型兽类及家畜，如野猪、羚牛等。在西南地区，豺还是大熊猫的天敌。

豺和狼一样，有一个坚强的集体，无论是猎食还是保卫自己的领地，都采取以多胜少的战术。它们经常组成3～5只的小群，或10～20只的大群一同出没。它们凶猛，胆大，凡和它相遇的大小动物，没有不害怕的。现在，豺也处于濒危状况，属于国家二级保护动物。

• 动物都需要运动吗？

动物要想生存下去就必须运动。因为动物必须从食物中获得营养才能生存下去，而大多数动物只有通过运动才能获取食物。自然界中的动物都有天敌，只有通过运动才能躲避天敌的捕杀。通过运动还可以实现新陈代谢，使动物更好的生存繁衍下去。

看，“东方宝石”朱鹮来了

朱鹮，又称朱鹭，是世界上一种极为珍稀的鸟，素有“东方宝石”之称。它体形中等，远看它的羽毛呈白色，近看全身微带粉红色，头顶和脚呈朱红色，颈部披着柳叶形的羽毛，羽毛竖起时又成冠羽，姿态秀丽。可惜，这种美丽的鸟儿已经越来越少见了。这是为什么呢？

☆朱鹮还是一种吉祥之鸟

朱鹮是鸟类中的“活化石”，体长80厘米，体重约1.8千克。朱鹮最明显的特点就是其细长的向下弯曲的嘴，大约有17厘米长。它的额头和脸部裸露着，没有羽毛，呈朱红色，全身以白色为主，两个翅膀的下侧和圆形尾羽的一部分则闪耀着粉红色的光辉，显得淡雅而美

丽。在阳光的照射下飞行，透出淡红色的光芒，就像大自然中的一颗“红宝石”。小朋友，你说朱鹮是不是长得很漂亮呀？

朱鹮喜欢栖息在水田、沼泽地和山区溪流处寻找食物，主要捕捉蝗虫、青蛙、小鱼、田螺和泥鳅等，经常结伴成群翱翔。由于朱鹮的性格温顺，我国民间都把它看作是吉祥的象征，称为“吉祥之鸟”。

朱鹮也是一种非常优雅的动物。它在休息的时候，常常把长嘴插入背上的羽毛中，头上的羽冠随着微风不断摆动，非常美丽动人。飞行时朱鹮的头则向前伸，脚向后伸，鼓翼缓慢而有力。在地上行走时，步履轻盈、迟缓，显得娴雅而矜持。朱鹮的鸣叫声很像乌鸦，除了起飞时偶尔鸣叫外，平时很少鸣叫。

这么美丽的朱鹮却有很多的敌人，乌鸦和青鼬常来争巢毁蛋，伤害幼小的朱鹮，所以朱鹮对巢区的选择非常严格。

朱鹮经常是一边孵卵育雏，一边扩大加固窝巢。它通常在5月份产卵，每次产卵三四枚。大约一个月左右，幼小的朱鹮就会破壳而出，这个时候它还是离不开爸爸妈妈的照顾，需要爸爸妈妈共同喂养。大约在一个月后，小朱鹮的翅膀渐渐丰满了，就开始学习飞行技术，很快，它就能独自外出寻找食物了。

☆又见朱鹮

朱鹮被世界鸟类协会列为“国际保护鸟”。它过去曾广泛生活在我国、西伯利亚、日本等地，但是，近几十年却很少见到它的踪迹了。

20世纪70年代时，在我国的大地上已经听不到朱鹮的任何消息了。鸟类学家甚至怀疑朱鹮是否还存活。于是，在1978年，我国中国科学院动物研究所的科学家开始在祖国大地上，寻找朱鹮。终于在1981年5 月，在陕西省洋县境内的山林中发现朱鹮的营巢地。经过仔细地统计，发现在洋

县还有7只朱鹮生存。

从此，野生朱鹮受到了有效的保护，陕西省洋县也成为著名的朱鹮之乡，在那里建立了朱鹮自然保护区。朱鹮在条件更加优越的地方休养生息，繁育后代。

1989年，北京动物园人工繁育的第一只朱鹮也成功了，为朱鹮的生存带来了希望。

2012年初，上海野生动物园投资100万元为朱鹮建立了朱鹮岛。3月22日，10只朱鹮从西安乘飞机抵达到这里安家落户。

现在，国家还在计划进一步改善朱鹮的生存条件，朱鹮的种群可能会明显地增多。

让我们期待着这一天早点到来吧。

•青鼬是什么动物？

青鼬，也叫黄喉貂、黄腰狐狸等，是一种哺乳动物，身体的大小有点像我们家里养的猫。青鼬的全身几乎都是棕黑色，只有肩部和腹部是黄灰色。它的四肢短健，爪子小而弯曲，但十分锐利。它主要的食物是鸟、鸟卵、昆虫及野果，非常喜欢吃蜂蜜，因此还被称为“蜜狗”。青鼬主要生活在山地森林或丘陵地带，常在夜间活动。它的皮可以制作衣服。

•鸟类是怎么飞翔的？

鸟类中的大部分都能飞行，有一部分昆虫也能飞行。动物的飞行除了依靠特殊的飞行器官，如鸟的翼、昆虫的翅以外，在身体上还有一些适合飞行的特点。要是我们留心观察就会发现，能飞行的动物身体大多呈流线型，这样在飞行时能够减少空气阻力；还有这种动物的骨骼中空，这样身体的重量减轻了；它们的身体中还有完善的散热结构，能够散发剧烈运动时产生的巨大热量。你看，飞行动物的构造和功能真是很复杂呢！

•鸟类是怎么迁徙的？

鸟类在不同季节会更换栖息地区，或是从营巢地移至越冬地，或是从越冬地返回营巢地，这种季节性现象称为迁徙。鸟类因迁徙习性的不同，可分为留鸟、夏候鸟、冬候鸟、旅鸟、迷鸟等几个类型。鸟类的迁徙通常在春秋两季进行。秋季迁徙因离开营巢地区，速度缓慢；春季迁徙由于急于繁殖，速度较快。

为什么要追杀可爱的藏羚羊啊

藏羚羊，有“羊绒之王”的美称，是世界上稀有的珍奇哺乳动物。它们通常居住在新疆、青海等高原地区，那里自然条件十分恶劣，但是藏羚羊却顽强地生活着。现在，就让我们来了解一下这种高原上的“精灵”吧。

☆高原上的精灵

藏羚羊也叫藏羚、长角羊。雄性藏羚羊脸部呈黑色，腿上还有黑色的标记，身高大约80～85厘米，体重约35～40千克。最特别的是，它的头上长着像竖琴一样的角，这个角可是非常厉害的，如果有敌人袭击它，藏羚羊就以这个角作为武器抵御敌人。而雌性藏羚羊则没有角，身高约75厘米，体重约25～30千克。

藏羚羊身上的毛非常密，可以抵御寒冷的天气。而且，它还是跑步的健将呢，据测定，它每个小时可以跑80千米。

如果你想一睹藏羚羊的风采，可是有点儿困难。因为藏羚羊生性怯懦但机警，听觉和视觉非常发达，经常出现在人迹罕至的地方，是很难接近的。

藏羚羊生活在我国的青藏高原上，通常都在4000～5300米的高原荒漠、冻土地带，也有少数分布在印度拉达克地区。

在西藏北部、青海的可可西里以及新疆的阿尔金山，植被稀疏，只有一些针茅草和苔藓之类的低等植物存在。但这些却是藏羚羊的美

食。在那里，藏羚羊可以说是一道美丽的风景，它那优美的体形、敏捷的动作、刚烈的性格，使它成为那里最典型的生命。

藏羚羊还有迁徙的习惯。夏天时，它们会沿着固定的路线向北迁徙。藏羚羊还有一个奇怪的习惯，就是在每年的4月份，雄性和雌性的藏羚羊会分开居住，即使是不足1岁的雄性宝宝也要和妈妈分开。到五六月份时，雌性藏羚羊会迁徙到产子地点，生完宝宝后，会带领宝宝按照原路返回越冬地和雄性藏羚羊会合。你说，藏羚羊的这个习惯是不是很特别呀？

☆藏羚羊还会发出预警信号呢

藏羚羊的主要天敌就是狼，一些幼小的、年老的、受伤的藏羚羊经常被狼吃掉。另外，秃鹫等猛禽对它们特别是幼小的藏羚羊威胁很大。

正因为如此，藏羚羊喜欢过群居的生活，它们经常好几只在一起去寻找食物，有时甚至可达几百只。它们行动非常小心，总是派一名“哨兵”担当警戒的任务。这时，你肯定会问，那如果发生了危险，它们也不会说话，要怎么告诉其他的藏羚羊呢？

小朋友们不必为这个担心，因为所有的动物都有它们自己的交流方式。藏羚羊就是利用它的那根小尾巴。如果没有什么危险，那根小尾巴就自然下垂；而一旦有什么异常响动，“哨兵”的那根小尾巴就会翘起来。其他藏羚羊看到后，就会提高警惕了。

如果出现猛兽，“哨兵”就立即把尾巴翘起来，然后直挺挺地立着，脖子也挺得直直的，告诉同伴危险来了，赶紧逃吧。然后它自己也会马上逃走。因为藏羚羊背部的毛是棕褐色的，和沙漠、戈壁的环境颜色非常相近，所以它们经常会成功地逃脱掉。

即使是在夜晚睡

羚羊也不马虎，同样会派一名成员为大家警戒。

☆请保护藏羚羊吧

藏羚羊的毛非常精细，可以制作华丽的披肩，由此给藏羚羊带来了灭顶之灾。20世纪90年代初期，藏羚羊的数量有六七万只，而这只是100年前总数的1/10。正因为藏羚羊如此宝贵，因此还成了2008年奥运吉祥物呢！

藏羚羊，一直被称为可可西里的骄傲。可可西里区是一个很大的无人区，这里生活着很多

的藏羚羊。大量的盗猎者来到这里捕捉藏羚羊，但因为藏羚羊的奔跑速度很快，盗猎者很难捕捉到，于是，他们想出了一个非常恶毒的办法：在藏羚羊怀孕的时候捕杀藏羚羊。看到这些，你是不是很气愤？

为了保护藏羚羊，我国在1983年成立阿尔金山国家级自然保护区；1991年，西藏自治区野生动物保护协会成立，为西藏地区的藏羚羊种群保护工作及野生动物保护事业做了大量卓有成效的工作。据悉，西藏藏羚羊种群数量已由1995年的5万至7万只增长到现在的近17万只。可以说，在人们的共同努力下，青藏高原藏羚羊种群数量正在得到区域性恢复。

• 你知道可可西里吗？

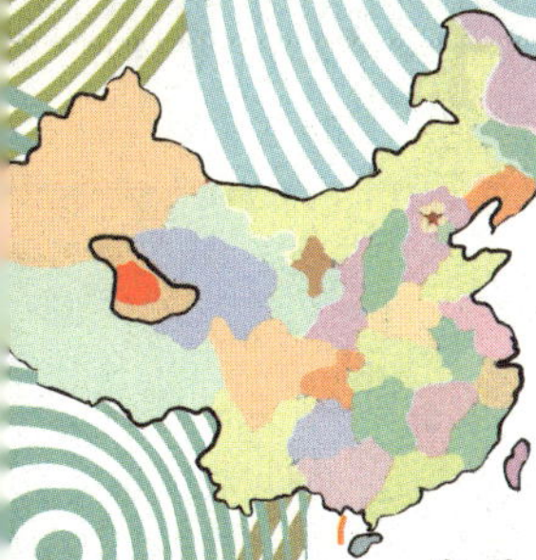

可可西里在蒙语中的意思是“青色的山梁”，藏语的意思是“阿钦公加”。可可西里包括西藏北部、青海昆仑山以南的部分地区还有新疆和西藏、青海毗邻的地区。

可可西里保护区是世界上原始生态环境保存最为完美的地区之一，也是我国建成的面积最大、野生生物最丰富的保护区之一。整个保护区平均海拔在4600米以上，被称为“世界第三极”，而且这里自然环境和气候都非常恶劣，至今仍然是我国最大的无人区。

• 动物为什么要迁徙呢？

生物学家研究发现，迁徙的动物比不迁徙的动物能够留下更多的后代，那么，这是不是动物迁徙的原因呢？

动物之所以迁徙，并不完全因为这个原因，还有自然因素，比如，气温的变化。我们都知道，秋天时大雁要成群南飞，这是因为北方冬季寒冷，河水封冻，这些以鱼和水生植物为食的动物就不得不飞往南方了。

• 动物需要换牙吗？

有些动物和我们人类一样，也是需要换牙的。比如，哺乳动物。

哺乳动物一般都有两副牙齿，这是为适应不同的食物种类而产生的特化现象。当哺乳动物的幼仔不断生长发育时，最初的食物是母亲的乳汁，这时根本用不着牙齿。随着所吃食物的变化，幼仔最初的牙齿开始萌发生长，当吃固体食物的时候，最初的牙齿能派上一点用处。当幼仔的下颚发育到成年动物水平的时候，它的乳牙便开始脱落了，恒牙开始萌发，来适应成年以后食物的变化。

原来，银杏可是活化石啊

地球上的树木千奇百怪，而在这些树木中有一种可以存活长达千年的长寿树，这就是银杏树。银杏树是一种有特殊风格的树，叶子夏绿秋黄，像一把把打开的折扇，形状别致美观。

☆银杏原来有这么悠久的历史啊

说到杏，小朋友们都不陌生，有些小朋友的家里还种植杏树。那这种银杏和我们平常吃的杏子有什么区别呢？它能吃吗？为什么叫银杏呢？呵呵，别着急，这些问题我们很快就会得到答案了。

银杏，也叫白果，因为里面的果核是白色的，所以才得了这个名字。实际上，银杏成熟时的外种皮呈黄色或橙黄色，肉质厚，去掉外种皮才是白色的果核。里面的白果很像果实，其实它只是一粒种子，

外面厚厚的“果肉”其实是种子的外种皮，里面白色的硬壳是种子的中种皮，中间淡绿色的果仁，那才是孕育新生命的胚芽。

银杏是一种裸子植物，树干高大挺拔，树姿古朴，树上有很多分枝，枝条舒展。其叶片呈扇形，叶柄很长，有点儿像鸭子的脚，因此又叫它“鸭掌树”、“佛手树”。你说，它是不是长得很漂亮呀？

银杏可以说是世界上最古老的树种，地质学家经过对古化石的研究发现，银杏早在1.6亿年以前的侏罗纪时期就已经出现在地球上了。小朋友，你能想象出这有多长时间吗？后来在200多万年前，第四纪冰期出现，大部分地区的银杏都消失了，只有我国还剩下少数的幸存者。

银杏树不但资格老，寿命也长。在我国，具有1000年左右的古树很多，山东莒县定林寺中有一棵银杏树，据说已经有3000多年的历史了，现在依然生机勃勃。在四川省万源县的白果坝，有一棵高达51米的银杏树，可以说是银杏世界的“巨无霸”了。

☆银杏想要结果可不容易呢

小朋友，你们听过“连理枝”这个词吗？如果两棵银杏树栽培的距离比较近，长大后它们的根和枝就会连在一起，树干分开，这就是人们所说的“连理枝”，因此银杏还有“夫妻树”之称。你看，银杏树的名字还真是不少呢！

银杏生长较慢，一般要栽种大约20～30年才开始开花，一般认为祖父种的树要到孙子那一代才能收获种子，因此又有“公孙树”之称。许多银杏树的周围，常生长有不同年龄的青年树、壮年树，“数代同堂”，欣欣向荣。小朋友，是不是很有意思啊？

可是，银杏也有犯愁的时候，就是如果它想要结果却是不容易办到的。这是因为银杏是雌雄异株，也就是说雄银杏树只开雄花，雌银杏树只开雌花。当春天来临时，雄银杏树会借助风力把自己的花粉传给雌花的花蕊，只有这样才能结出果实。要是一个地方只有雄的银杏树或者雌的银杏树，那它就不会结果了。

自然生长的野生银杏已经十分稀少了，在我国西天目山的深谷以及其他极少数的区域，有少量的银杏林分布。

大约在200多年前，银杏树传入欧美各国，很多著名的植物园都因为栽种银杏而无比荣耀。

☆银杏全身都是药材

银杏树不但外形美观，而且还全身都是宝贝呢！它不但具有较强的抗污染能力，在体内还有一种抗病虫害的物质，使虫子很少光顾，可以说，银杏树是一种非常好的绿化树。

银杏的枝叶和种子还有很高的药用价值呢!银杏的枝叶含有抗虫毒素，能防虫蛀，过去农民常用银杏叶来作为肥料，治虫、施肥一举两得。如果你在书中放入一片银杏叶，那就不用担心书被虫子咬了。另外，银杏的叶子还含有10多种类黄酮和其他化学物质，可以防止血小板的凝集，还可以用来治疗心血管、脑血管等疾病，因此，银杏提取物是当今国际上心脑血管保健药物中新的一族。

银杏的白果肉富含丰富的蛋白质、脂肪、钙、磷、多种氨基酸和碳水化合物，营养丰富，而且还有润肺、止咳、强壮的功效。

银杏木材质地坚韧致密，不生虫子，是重要的建筑材料，也是制作贵重家具和进行工艺雕刻的上等木料。

小朋友可能会问了，银杏树那么多，为什么还被定为是濒危物种呢？原来呀，我们现在见到的大多数银杏树，都是由我们人类培养出来专门供观赏用的。而需要我们保护的，则是那种比较原始的银杏树。现在，你明白了吗？

知识宝藏

• 侏罗纪是什么时期？

侏罗纪是一个地质时代，其时间大约在2亿万年前到1.46亿万年前。侏罗纪是中生代的第二个纪。在这一时期，发生了很多重大事件，比如恐龙成为陆地上的统治者、哺乳动物开始发展、鸟类开始出现等。裸子植物在这一时期发展极盛，银杏类就是在这一时期发展到了高峰期。

• 什么是裸子植物？

裸子植物是植物界中的重要类群，也是种子植物中较低级的一类。之所以被称为裸子植物，是因为它们结的种子都是裸露的，没有果皮包裹。它们没有真正的花，胚珠暴露在外，传粉时，花粉能直接落在胚珠上。

如今覆盖着地球的森林中大约有80%都是裸子植物，它们分布广、数量大，种类却只有800多种，是植物界中种类最少的。我国是世界上裸子植物种类最多、资源最丰富的国家，有200多种，如松、柏、银杏等。

• 你知道植物也有雌雄之分吗？

除藻类、菌类等低等植物外，绝大部分植物和其他生物一样，也是有雌雄之分的，不过大部分植物都是雌雄一体的，即在一棵植物上有雄性部分又有雌性部分。如栗树花的花朵中就有一个雌蕊，它的花朵中央是雌性生殖器官，环绕在周围的是雄蕊，是花的雄性生殖器官；也有一些植物却开两种不同的花朵：雌性花和雄性花，它们分别有雌蕊或雄蕊，如菠菜；只有极少的植物像动物一样雌雄分株。而银杏树只有雌性银杏才能结果，但必须有雄性树授粉给雌性树，因此，只有单性树是不能结出果实来的。

古老的珙桐

你见过鸽子吧？相信大家都见过。它们经常在我们的头上飞来飞去。可是，有一种树长得特别像鸽子，你相信吗？在我国南方的山区，就生长着这样一种奇树，它的名字叫珙桐。珙桐是驰名世界的珍贵观赏树木，也是我们国家的一级保护植物，也只有在我国才有。

☆珙桐真的像是一只鸽子呀

珙桐，也叫鸽子树，是孑遗植物。其实，珙桐和银杏一样，也是一种非常古老的树种，早在第三纪就已经存在了，可见这种植物有多么古老了。在100万年前，珙桐还曾经分布在地球的大部分地区，但在第

四纪冰期时，大部分地区的珙桐和银杏一样，都相继灭绝了，仍旧只有我国的南方才有一些幸存者。

珙桐一般高达20余米，树皮深灰色，常呈薄片状脱落。珙桐的花是紫红色的，由多数雄花和一朵两性花组成顶生的花序，就像一个长着“眼睛”和“嘴巴”的鸽子脑袋。在花序下面有两枚白色的大苞片。珙桐一般是在4～5月份时开花，这时，树上那一对对白色的花朵若隐若现地躲在绿叶之中。远远看去，就好像一群白鸽扑展着翅膀，栖落在枝头，想想看，是不是非常漂亮呀？

珙桐的果实成熟时，就好像一个个野梨一样。因此，在产珙桐的南方，人们还把珙桐叫做水梨子或木梨子。有的小朋友可能会问了，那这种梨能吃吗，好吃吗？呵呵，这种梨是可以吃的，但是味道却不像我们平时吃的梨那么可口，它有些酸涩，很难下咽。但是，如果有人渴到极点了，也可以用它来解渴。

☆一个凄美的故事

关于珙桐，还有一个凄美的传说。相传在古代，有一个漂亮的公主叫白鸽。一次，白鸽公主到森林里打猎，不料被一条大蟒蛇缠住了。就在危急的时候，一个叫珙桐的小伙子一刀杀死了蟒蛇，救了白鸽公主。白鸽公主和珙桐一见钟情，发誓要一辈子在一起。谁知，公主的父亲不同意女儿嫁给一个平民，还派人偷偷地杀死了珙桐。悲愤的白鸽公主逃出了皇宫，来到珙桐遇害的地方，泪如雨下，忽然，在白鸽公主眼泪落下的地方，长出了一棵小树，一会儿，小树变成了参天大树。白鸽公主纵身向这棵树扑去，顿时变成了洁白的花朵，花的形状和鸽子一样。这以后，人们就把这种树叫“鸽子树”了。

1869年，一位法国神父在四川穆坪最先发现了这种植物，随后，将之传入欧美各国，成为受欢迎的园林树种。在世界名城日内瓦，到处可以看到树冠开阔、树上开着巨大白色花朵的珙桐树。美丽的“中国鸽子树”的名字，也因此享誉世界各地。

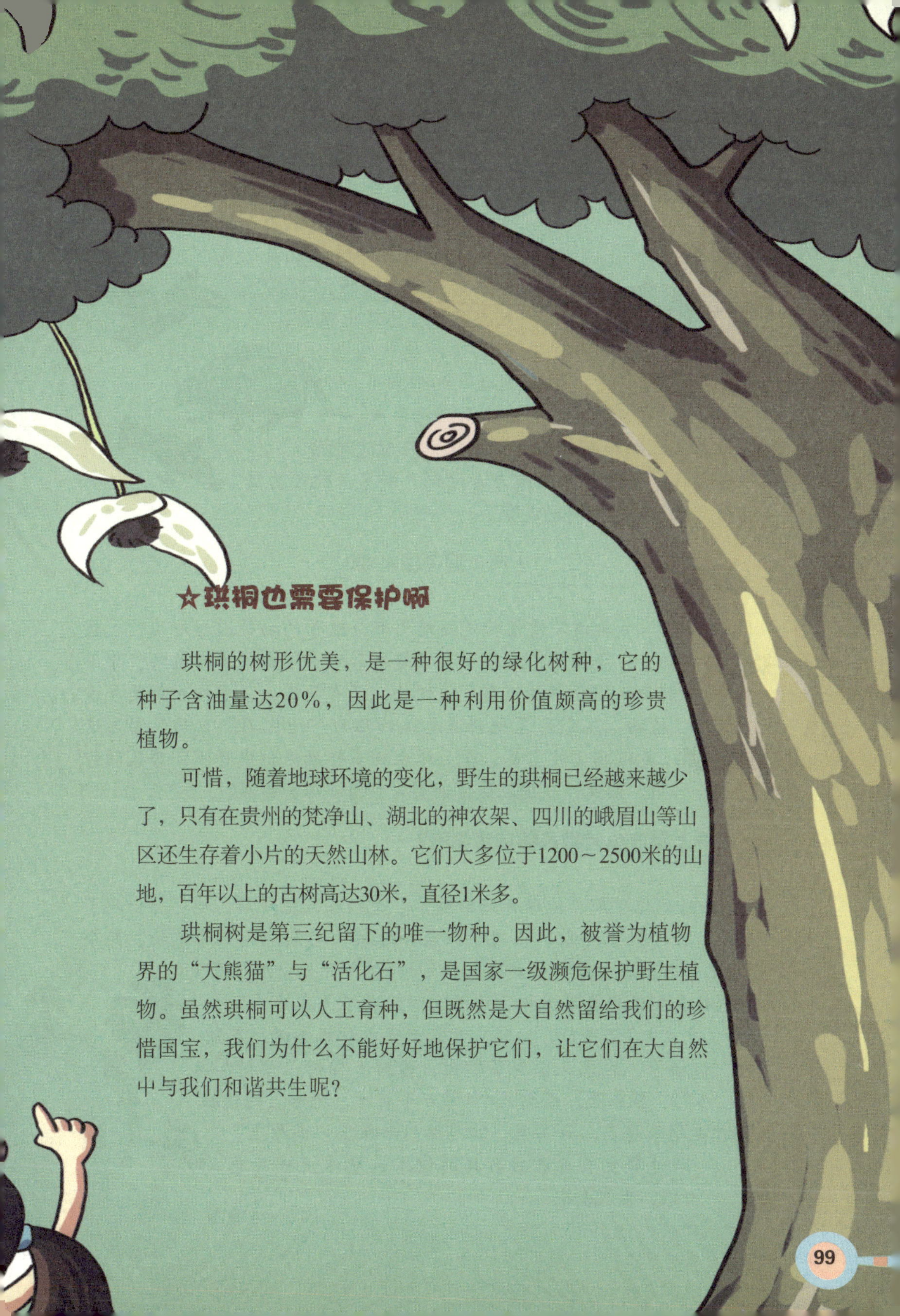

☆珙桐也需要保护啊

珙桐的树形优美，是一种很好的绿化树种，它的种子含油量达20%，因此是一种利用价值颇高的珍贵植物。

可惜，随着地球环境的变化，野生的珙桐已经越来越少了，只有在贵州的梵净山、湖北的神农架、四川的峨眉山等山区还生存着小片的天然山林。它们大多位于1200～2500米的山地，百年以上的古树高达30米，直径1米多。

珙桐树是第三纪留下的唯一物种。因此，被誉为植物界的“大熊猫”与“活化石”，是国家一级濒危保护野生植物。虽然珙桐可以人工育种，但既然是大自然留给我们的珍惜国宝，我们为什么不能好好地保护它们，让它们在大自然中与我们和谐共生呢?

• 第三纪是什么时候？

第三纪是新生代最古老的一个纪，时间大约在6500万年前到260万年前。在这个时期，一个重要的特征就是，被子植物、哺乳动物、鸟类、双壳类等都已经出现了，标志着“现代生物时代”的到来。

第三纪原本分为老第三纪和新第三纪，后来，在制定地质年代表时，将老第三纪改为古近纪，新第三纪改为新近纪。第三纪这个词就没有了。

• 什么是孑遗植物？

所谓孑遗植物是指绝大部分植物的物种因为地质、气候的变化等因素，导致大量灭绝之后幸存下来的古老植物。除了前面我们介绍的银杏、珙桐外，还有鹅掌楸、水松等都是孑遗植物。人们形象地将这类植物称为“活化石”。而且因为这类植物比较宝贵，在全球生物多样性保护中有不可替代的作用，因此，我国在这方面制定了很多保护措施。

• 地球上是什么时候开始有植物的？

在40多亿年前，地球开始形成了。大约在30亿年前，地球上出现了蓝藻，距今15亿年前，出现了红藻和绿藻，它们都是低等植物。距今3.5亿年前出现了最早的蕨类，到了2.3亿年开始出现了高大的科达目类和银杏类等大树，这些大树组成了大森林。距今1.4亿年至0.7亿年前，地球上开始出现各种银杏树、苏铁树、松柏等，后来又出现了柳树、榆树、桦树、桉树和木兰、水杉、银杉等。等到距今150万年前时，地球上的植物种类越来越多，海洋里、江河里、平原上、高原上，到处都生长着各种各样的树木，地球上一片葱绿，生机勃勃。

你见过桫椤吗

桫椤是一种非常珍贵的植物，北方的小朋友对于桫椤这个名字可能有点陌生，因为它主要是在我国的南方生长的。你看过科幻片《侏罗纪公园》吧？那是一个非常遥远的时代，就在那个时代，桫椤极为繁盛，它还凭着顽强的生命一直延续到今天。那桫椤到底是一种什么样的植物呢？

☆真是一种美丽的植物

桫椤，又叫树蕨、山棕，也是一种古老的孑遗植物。小朋友们，你知道吗？这种名叫桫椤的树可是和恐龙一个时代的植物哦，恐龙现在已经灭绝了，可是它却依旧存活在地球上。

桫椤属于多年生蕨类植物，树干呈圆形，有点儿类似于椰子树，直立而不分支，表面有鳞片。桫椤的叶片巨大，深绿色，在叶片的背面有很多孢子囊群，看起来好像一个个小黄点，里面有很多孢子，桫椤正是靠着这些孢子繁衍后代的。桫椤没有花，也不结果实和

种子，但看起来很漂亮。远远望去，就好像一把撑开的大伞，又像是一个大大的喷泉。

桫椤的茎干里还含有很多淀粉，可以食用；而把茎干磨光后，会看到美丽的花纹，可以制作装饰品。另外，因为桫椤的株型美观，人们也常常将它作为景观树。

☆植物中的恐龙

据说，桫椤科的植物曾经有600多种，在热带和南半球的温带地区到处都可以看到。可惜的是，因为地质的变迁，很多种类都已经灭绝了，埋藏在地下，变成了我们今天使用的煤炭，只有很少的一部分幸存下来了。

因为桫椤是研究植物形成以及地球变迁的很好的材料，因此，人们把桫椤称为植物中的“恐龙”。

桫椤喜欢阳光充足温暖湿润的地方，

在我国福建、台湾、广东、广西、海南、云南、四川、西藏等省区有桫椤群落的分布。

☆桫椤的数量也越来越少了

桫椤孢子的生命力较脆弱，长成幼苗后生长也很缓慢，而且繁殖能力也比较弱。随着地球、气候的变迁以及人为因素的影响，桫椤赖以生存的温暖、潮湿、充足水分等自然条件不断被破坏，致使桫椤赖以生存的自然环境变得越来越恶劣，自然繁殖越来越困难，桫椤的数量因此在急剧减少，目前已处于濒危状态。

小朋友们，你们说，桫椤是不是很可怜啊？那我们应该怎么做呢？对，要对它们进行保护，不让人们进行砍伐。那你还等什么呢？赶紧行动起来吧！

知识宝藏

• 什么是蕨类植物?

蕨类植物通常生长在森林、溪沟和田野的阴湿环境里，它们叶子背面长有褐色孢子囊群。蕨类植物是植物中主要的一类，是高等植物中比较低级的一门。蕨类植物除有茎和叶的分化外，还有了真正的根，适合于陆地生活。

现存的蕨类植物和人类关系非常密切。很多种蕨类植物的幼叶是味美的食品，如水蕨、菜蕨等；有的蕨类植物在工业上有重要用途，如木贼的茎可做木器或金属的磨光剂；有些蕨类植物既是优良的绿肥，又是高蛋白饲料，如满江红；许多蕨类植物可作为土壤指示植物，如芒萁、狗脊藤、铁线蕨等；还有很多蕨类植物具有观赏价值，可用于美化环境，如肾蕨、铁线蕨、卷柏、鸟巢蕨等。

• 什么是孢子

孢子就是植物所生成的一种具有繁殖或者休眠作用的细胞，可以直接发育成新的个体。孢子有性别差异。

而孢子植物是那些能够产生孢子的一类植物的总称，主要包括藻类植物、菌类植物、地衣植物、苔藓植物和蕨类植物五大类。

• 什么是化石

前面我们很多次提到“化石”这个词，那到底什么是化石呢?

化石是动物、植物死后被埋藏在地下，经过地质作用所形成的石头。但这些石头保留了动、植物的形状特征，古生物学家便根据这些特征，确定它们是哪种动、植物。如果是动物，还可以运用解剖学的原理，勾画出它们的骨骼，补充它们的肌肉和皮肤，这样就可以还原它们的形态了。

像相思豆一样的“红豆杉”

对于相思豆，大家应该都不陌生，指的就是红豆。大诗人王维还专门有一首诗叫《相思》，对红豆进行了描述。但是，在我们国家，还有一种树木上，结出的果实也像红豆一样，这就是“红豆杉”。

☆红豆杉长什么样子呢

红豆杉，也叫紫杉，赤柏松，是红豆杉中的常绿乔木。红豆杉是第四纪冰川后地球上仅存的56种珍稀植物中最珍贵的药材树种。

红豆杉和我们经常见到的松树一样，也属于裸子植物。它高达17米，最粗的树干直径可达80厘米。树冠呈卵形，就像白杨树一样矫

健，而红褐色的树皮又比白杨树增添了几分风采。红豆杉的树叶呈针形，表面是深绿色，背面为黄绿色。

每到春暖花开的时节，满枝都挂满了淡黄绿色的雄球花。而且，红豆杉的每颗种子的外边都有一个杯子状的、亮红色的假种皮，远远望去，就好像在树间挂着无数颗红玛瑙石，非常好看，具有这样鲜艳的种子，可以

说是红豆杉科中特有的一大特征了。

红豆杉具有喜欢阴凉、耐旱、抗寒的特点，在我国南北各地都可以种植。它不但侧根发达，枝叶茂盛、萌发力强，而且对气候的依赖性不大，对土质也没什么特殊的要求，有着极其顽强的生命力。而且长成的乔木如参天大树一样，有时可以长到千年而不衰老死亡。在民间传说中，东北红豆杉还有“风水神树”的称号呢。

☆红豆杉不愧为“植物黄金”的称号

小朋友，你们知道吗？红豆杉的全身都是宝贝哦！它的假种皮酸甜可口，可以食用，种子可以榨油；叶子有利尿、降血压、调节血脂，并有预防和治疗糖尿病和心脑血管疾病的作用。

红豆杉中含有紫杉醇、紫杉碱、钙、铁等，从中提炼出来的紫杉醇是世界上公认的抗癌药物，价格十分昂贵，所以，它还有“生物黄金”的称号。你看，说它是“黄金”，应该不过分吧？

而且，红豆杉还是一种极好的观赏树木，用红豆杉制成的盆景，文雅美观，不但可以美化环境，它所释放出的气体还有杀菌和净化空气的作用。哎呀，红豆杉太神奇了，简直就是一个多功能的健康小卫士啊！

但是，因为红豆杉的生长习性为分散式生长，繁殖很缓慢。还有很多人进行乱砍滥伐，现在已经濒临灭绝了，所以，它现在非常需要我们的保护哦。

知识宝藏

• 植物的有性生殖和无性生殖

当把绿色植物的种子种到土壤里以后，种子会萌发并生长发育成为一种新的植物体，新的植物体再经过开花、传粉、受精，形成含有种子的果实，完成有性繁殖的过程。有性生殖产生的后代，由于具有了亲代雌雄双方的遗传特征，因而具有更强的生命力和变异性，也更能适应多变的环境。生物不经过两性生殖细胞的结合，而是由母体直接产生新个体的生殖方式，叫做无性生殖。无性生殖产生的后代能够稳定地继承母体的遗传特性，而且通过无性生殖繁殖的后代速度快，产生子代的数量多，有利于生物种群的繁衍。

• 为什么树叶刚长出来时是黄绿色，而后来变成了绿色呢？

春天一到，杨树、柳树都长出了嫩叶，云杉、柏树也在原来的针叶顶端长出一节节的新枝新叶。这些刚刚萌生出来的小叶子，多数是黄绿色的，等叶片慢慢长大后，你会发现，它们逐渐变成深绿色的了。为什么会出现这种现象呢？

原来，这些小叶子在前一年的秋天就开始生长了，整个冬天它们都藏在叶芽里，芽的外表包着一层一层的苞片，包得严严实实，不仅冷风吹不进去，雨雪也渗不进去，那么阳光当然也照不进去了。小叶子在苞片组成的小房子里慢慢地生长着。春天一到，大地解冻了，万物都充满了生机。大树的根部吸收水分和营养，叶芽也开始开放，露出了小叶。小叶因为长期没见阳光，所以是黄绿色的，新发的叶子长得很快，在阳光的照耀下，叶绿素不断增多，叶片就变成深绿色了。

原来，水杉就是植物界中的“大熊猫”啊

大熊猫被称为动物界中的“活化石”，而在植物界中，也有一种被称为“活化石”的植物，这就是水杉。那水杉是生活在水中吗？它也和大熊猫一样宝贵吗……别着急，现在就来帮你解答这些问题吧。

☆水杉一鸣惊天下

在很久很久以前，大约在距离今天1亿年前，即中生代的白垩纪时期，水杉的祖先就在北极圈中诞生了。那时候地球上的气候温暖潮湿，非常适合水杉的生长。到了白垩纪晚期，在北美、东亚和东欧等

地遍布着杉科植物。但是，和银杏、珙桐一样的命运，在第四纪冰期以后，杉科植物几乎绝灭了。幸运的是，因为我国的自然、地理条件优越，有些没有被冰川覆盖的地方就成了各种动植物的“天然保护区”，水杉也因此存活下来了。

人们把水杉视为珍品，不只是因为它是“活化石”，而且还因为它生长迅速、适应性强、树木优美、本身也具有很高的经济价值，它对于古植物、古气候、古地理和地质学，以及裸子植物系统的研究均有重要的意义。目前，水杉已被几十个国家所引种，成为全球内繁衍的“活化石”，所以水杉一被人们重新发现就立刻名声大噪。

我国湖北省武汉市还把水杉作为市树呢！

☆水杉长什么样子呢

那么，这种“活化石”长什么样儿呢？

水杉属于落叶乔木，树皮呈灰褐色或深灰色，裂

成条片状脱落；小枝对生或近对生，向下垂着。其叶子之间平行地横生着，从不交错，显得非常整齐，几乎没有叶柄。叶色翠绿，入秋后叶色金黄。

水杉的树干通直挺拔，无论生长在什么地方，都不会弯曲。水杉树形优美，是著名的庭院观赏树。

水杉比较喜欢温暖湿润、夏季凉爽、冬季虽然有雪但不寒冷的气候，所以，一般在山谷或者山麓附近地势平缓、土层深厚、湿润或者有积水的地方能够看到它的身影。

水杉的生命力是极其顽强的，冬天不怕严寒，夏季不怕酷热，而且耐水湿能力也非常强。

水杉曾广泛分布在中国和越南一带，由于人类农业活动范围不断扩大，水杉的生存空间越来越小，而且原生态水杉遭到很大程度的破坏，也面临着消失的危险，目前已经被列为“极度濒危”物种。所以，保护珍贵的植物水杉也成为我们每个人义不容辞的责任。小朋友们，还等什么，赶紧行动起来吧！

知识宝藏

•白垩纪是什么时候?

白垩纪是一个地质年代的名称，处于侏罗纪和古近纪之间，大约是1.46亿万年前至6550万年前，时间很长。白垩纪为中生代的最后一个纪。白垩纪时期的气候非常暖和，所以这个时候出现了开花植物。这个时期，发生了重要的灭绝事件，就是包括恐龙在内的大部分物种都在地球上消失了。而这个事件也成为中生代和新生代的分界。

•杉科植物有什么特点呢?

杉科植物一般分布在北温带和亚热带地区，杉科植物的树干一般纹理顺直，结构细致，材质轻柔，耐腐防虫，广泛用于建筑、桥梁、电线杆，造船、家具、工艺制品等方面。

我国建材约有1/4是杉树。杉树生长快，且树姿挺直秀美，是著名的庭园、绿化树种。杉科植物中有些是我国的特有树种，如产于秦岭以南的杉木和产于台湾中部以北山区的台湾杉木，还有刚刚我们介绍的水杉，是最为珍贵的。有些杉树为我国的引种，如原产北美的巨杉，也叫“世界爷”，它的树干可高达142米，胸径达12米。

•植物的叶脉有什么作用?

尽管植物的叶子千差万别，但不论什么形状的叶子上面都有各种形状的纹路，这些纹路依叶子的形状、性质各有不同。有平行伸展的、有扇形的，而大部分植物的纹路都是网状的，这些纹就是植物的叶脉。

叶脉就像我们的人体中的骨骼一样，支撑着整个叶子，使叶子不会卷曲或下垂。另外，叶子通过光合作用制造出糖类也需要由叶脉到叶柄，再转移到茎、根。根从土壤中吸收的水和营养元素又必须输送到植物的各个部位，最后通过叶脉才能到叶部，所以叶脉又是输送水分和养料的管道。